建筑的意境

建 筑 的 意 境

萧 默 著

中 华 书 局

图书在版编目(CIP)数据

建筑的意境/萧默著. —北京:中华书局,2014.1
(2023.6重印)
ISBN 978-7-101-09535-7

Ⅰ.建… Ⅱ.萧… Ⅲ.建筑艺术-文集 Ⅳ.TU-80

中国版本图书馆 CIP 数据核字(2013)第 171433 号

书　　名　建筑的意境
著　　者　萧　默
责任编辑　朱　玲
责任印制　陈丽娜
出版发行　中华书局
　　　　　(北京市丰台区太平桥西里 38 号　100073)
　　　　　http://www.zhbc.com.cn
　　　　　E-mail:zhbc@zhbc.com.cn
印　　刷　北京盛通印刷股份有限公司
版　　次　2014 年 1 月第 1 版
　　　　　2023 年 6 月第 9 次印刷
规　　格　开本/920×1250 毫米　1/32
　　　　　印张 8　字数 160 千字
印　　数　79001-80500 册
国际书号　ISBN 978-7-101-09535-7
定　　价　49.00 元

目 录

序

当我们站在德国科隆大教堂前的广场上，立刻会被那一对高达 150 多米的尖顶塔楼所震慑。这个直插云霄的建筑全部用石头雕刻、堆垒而成，站在它的面前我们只有惊叹于人类的伟大了。科隆大教堂始建于 1248 年，到 19 世纪末才建成，历经 650 年，是当时北欧最大的教堂。整座教堂的表面通通由垂直线条统贯，加上直刺苍穹的那对尖塔，使得整个建筑有一种向上飞腾的动势，仿佛随时能使得这些巨大的石头建筑脱离地面、冲天而起。而人们的灵魂也随之升腾，升到天国上帝的脚下，这充分体现了基督教宣扬的那种绝尘脱俗的精神（参见图 02-27）。

如果我们置身在太和殿广场之上，又会有另一种感受。整群建筑采取院落方式组合，向横向发展，大殿最高处只有 30 多米，但其性格内涵表现得似乎更加深沉而丰富：庄重严肃之中蕴含着平和、宁静与壮阔。庄重严肃显示了"礼"，"礼辨异"，强调区别君臣尊卑的等级秩序，渲染天子的权威；平和宁静寓含着"乐"，"乐统同"，强调社会的统一协同，维系民心的和谐安定，也规范着天子应该躬自奉行的"爱人"之"仁"。在这里既要保持天子的尊严，又要体现天子的"宽仁厚泽"，还要通过壮阔和隆重来彰示皇帝统治下的这个伟大帝国的气概（参见图 03-08）。

这两座建筑，很大程度上代表了中西古代建筑的总体风格和它们之间的差异。

但如果我们像这样只停留于对建筑本体的欣赏，大概就只能写出以上这些文字了，要进一步探寻深层次的问题，则要下另一番工夫。比如：为什么西方建筑以教堂的成就最高，而中国建筑最高成就则是宫殿？为什么前者只用石头建造，后者却以木结构为本位？为什么前者强调向高处伸展，几乎穷尽了石头材料所能达到的极限；后者却注目于横向的延伸，用大殿周围的全群建筑来衬托大殿，同样也显出了大殿的伟大？为什么前者的内部空间迷离变幻、幽深莫测，后者的内部空间却只是一座简单的六面体，只在当心间作了一些强调的处理，突出皇帝宝座的所在？为什么前者的外部空间很不发达，只是一座不大的、与其他空间没有什么联系的不规则广场，人们在广场上甚至看不到教堂的全貌，要退到很远才能找到合适的拍摄角度；后者却是一座 180 米见方的、规整的大广场，在其前后还有另外一些广场，对这个主体广场起着陪衬作用？……

这许许多多的"为什么"将激发起我们的思考，建筑的比较研究就从此处起步了。除了要比较出中西方古代建筑在艺术形态上的异同以外，更主要的，是要找出蕴含其中的深刻文化内涵。早在 28 年前，即 1984 年，从我在《新建筑》上发表的《从中西比较见中国古代建筑的艺术性格》一文开始，就一直从理论上对这个问题进行深入的思考。

我在拙作《中国建筑艺术史》引论中曾写道："在学术领域内运用比较的方法是一种有效的手段。马克思、恩格斯在评述比较解剖学、比较植物学、比较语言学时曾说：'这些科学正是由于比较和确定了被比较对象之间的差别而获得了巨大的成就。'但是，应该区分简单的、几乎是本能的那种'比较'（严格说来只能算是类比）与马克思所称道的科学的比较。它们的最大不同在于前者只停留在事物的表面，只注意现象的'是什么'，并缺乏系统；后者更及于社会历史和文化心态的深度、实质和'为什么'，以及整体性和系统性。作为研究方法的科学的比较，只是在近代才逐步形成的。"

我还曾写道："由于当代史学潮流由描述式向阐释式的转化，科学的比较研究已日益为学界重视。关注从文化整体视野进行研究的新史学，必然要把研究者'逼'到比较研究中去。因为，从孤立事件的个别描述中是不可能得出整体的结论的，英国当代历史理论家巴勒克拉夫甚至这样断言：'如果我们把比较史学说成是历史研究未来最有前途的趋势之一，恐怕没有什么过错。'"

建筑是一个非常复杂的现象，具有自然科学、社会科学和艺术学的多种属性，在建筑这个行当运用比较研究的方法也就会特别困难，如果要真正进入到认识的核心关节中去，最终的归属必然是文化。所以，真正科学的建筑比较，实际上就是建筑文化的比较，尽管我们也许会从建筑的艺术形象入手。

但我在《中国建筑艺术史》的研究中并没有完成这个任务，因为那本书主要是讲述中国建筑，除了在中国建筑如地方风格、民族风格、时代风格、类型风格等方面作了一些力所能及的比较以外，对中外建筑文化的比较很少提及。随后，我又编写了多卷本《世界建筑艺术史》，在这方面虽然作了努力，效果却不一定理想。那么多地域、民族、国家、建筑体系和那么丰富的实例，对它们都要一一进行建筑艺术学和文化学阐释，难度可想而知。关于建筑文化比较的内容，被挤在诸如实例介绍、艺术分析和历史文化背景阐释的大量文字中，分散而难得系统，读后不免仍会有不得要领之感。笔者有时也想过，在上举两种书关于文化比较的主要观点基础上，再补充一些，整理出一种专注于建筑文化比较的（主要是中西比较，也包括伊斯兰建筑）、浓缩的、可读性强一点的、篇幅不大的小册子，效果可能会更好一些，至少不会让"大部头"把读者吓跑。

但为时已晚，我如今已是望八之年，身体很不争气，家人又几乎全不赞成，只好作罢。恰此时，中华书局编辑朱玲女士与我通过电话结识了。说来有点离奇，她的电话原本不是打给我的，但在电话中互相有了初步了解，都觉得不妨可以多聊几句。之后她读了我的回忆录《一叶一菩提 我在敦煌十五年》电子稿，某天兴冲冲地跑到我家，说一定要与我合作一本书出来。对于书的内容，我当时只有一点朦胧的想法，她却早就替我想好了，不谋而合，我的已经入睡的野心逐渐苏醒，概念也随之清晰起来。关于读者对象，她说这本书主要是面向热爱建筑艺术的知识分子读者。

我开始试着进行了一些章节的写作。写作以前，章节的安排最费周折，想了几个方案都觉得不妥，试了几种都放弃了。最后采用的，就是现在呈现在大家面前的体例，可以基本反映我的写作意图。

需要说明几个问题。

一、古代世界，大约存在过七个主要的建筑体系：埃及、两河流域、泛印度、中国、古代美洲、西方（欧洲和近现代以来的美国）以及伊斯兰。之后，因为各种原因多数都中断了发展，只有中国、西方和伊斯兰存留至不久以前，至今仍延续着自己的生命或仍在发挥着影响，其中又以中国和西方两个体系发源最早、流域最广、成就最大、影响最为深远。为在有限的篇幅中尽量说明一些问题，几经斟酌，本书即以这两个建筑体系的比较为主。伊斯兰建筑是在其他体系发展得相当成熟以后发展起来的，主要接受了西方和两河的影响，缘起较晚，但现在的流传范围也很大，成就也很有独到之处，在本书中也有部分提及。

二、我以前出版过的作品，几乎都是编年体和纪事本末体的结合，篇题和章题就都以时代先后为序，章内则为纪事本末体，按建筑类型的重要性为序，经纬交织，呈现全局。本书内容只在建筑艺术与建筑文化的比较，且篇幅较小，不能再重复这种体例，于是几经试探，决定以建筑艺术展现出来的面貌为引，参以建筑文化异同，选择实例，逐渐展现全貌。

建筑首先展现出来的是它的形体，以及形体围合而成的内部空间。它们的根本决定因素是文化，但建筑结构是中介，所以第一、二章主要介绍中国和西方建筑的结构、形体与内部空间。必须承认，由于中国建筑以木结构为本位，受材料力学性能和尺度的影响，中国建筑的形体和内部空间相对来说比较简单，不如以石结构为本位的建筑那么丰富。

第三、四章主要比较中国和西方及伊斯兰建筑的外部空间。上帝毕竟是公平的，关上了一扇门，必然会打开一扇窗，在外部空间的创造方面，中国建筑拥有远超西方和伊斯兰的独特成就。中国建筑特别注重群体组合（我曾说过"群"是中国建筑的灵魂），群体组合采取的院落方式，必然会创造出多彩的外部空间。

第五、六章和第七、八章分述中西园林和中西城市。中西在自然观方面的巨大差异，导致中西园林根本上的不同；中西城市性质的巨大差异，也造成了中西城市面貌的根本不同。这些差异已经不能仅从形体、内部空间和外部空间来解释，所以有必要列出这四章加以分述。

第九章专论中国独擅的环境艺术。"环境艺术"是近年流行起来的新词，似乎是从国外传进来的，多指室内设计。但我认为，它是一种观念，一种方法，且不仅限于室内，更多在室外。实际上，中国是最早拥有这种观念和方法的国家，早就有了令人注目的成就。本章专论及此，希望能起到一些澄清的作用。

第十章介绍西方近现代和当代建筑的新发展，简要提及了中国发展的脚步。

三、我还是希望尽量把相同的建筑类型集中到一起，让读者有一个较系统的印象。除上举如园林、城市在标题上即已有体现者以外，其他如宫殿、坛庙、民居、神庙、教堂、礼拜寺、佛塔、陵墓、佛寺，均有机穿插在各章中。读者读完全书，至少会对这么多种类型的建筑有一个基本的把握。本书的书写多为中西并列，这样有利于安排中西方常常并不相应出现的各建筑类型。

在举例中，我注意把享有世界盛誉的建筑作品尽量收进来，这样一来读者哪怕把这本小书当成世界建筑精品欣赏集，也未为不可。但举例毕竟是举例，远不可能包罗无遗，我深信读者的举一反三能力，并愿把发现的乐趣留给读者自己。

此外，为了使礼拜寺能尽量集中，有时不得不有一点削足适履，如实际上其形体创造的成就比外部空间的创造更加引人注目的泰姬陵，就被安排到西方与伊斯兰建筑外部空间这一章了。

由于中国和西方历史文化发展进程不同，中西民族在一整套哲学观念、文化传统、宗教态度、性格气质、艺术趣味和自然观等方面都有明显的差异，反映到民族的艺术性格上也就有许多重大的区别。这种不同在各种艺术中都有表现，建筑艺术也不例外。在世界日益向着全球化方向迈进的今天，不同的艺术间不妨互相借鉴，但有必要强调，全球化并不是单一化，与多元化理应并存互补。传统尤其艺术传统中的精粹都是经过几千年的优选才得以形成的，且在继承中有所演化，必不会而且不应被轻易抛弃和妄自菲薄。中国传统建筑的"法"肯定有过时的东西，比如等级观念、宗法观念和某些迷信元素；但也有大量可以继承的优秀遗产：强烈的人本主义，注重整体的观念，人与自然融合的观念，重视与地域文化的结合，以及许多具体处理手法如建筑的群体布局、外部空间和环境艺术的独特成就、优秀的形体构图手法、独特的色彩运用、装饰的人文性……其水平之高超，处理之精妙，意境之深远，每每突现在世界之巅，甚至远超出某些现代建筑之上。在当今文化的趋同性和趋异性同时并存的情况下，取舍借鉴之间，还应以我为主，对于异质因素的吸收，则以慎重为宜。那种惟洋是尚，惟中务贬以至妄言文化"接轨"的想法和做法，不免浅薄，非笔者所取也。

一 >> 温暖亲切的木结构
和中国建筑的形体与内部空间

我们要谈论建筑艺术、建筑文化时，往往不得不先从那些硬梆梆的、不带有任何感情色彩的、一般来说可能被工程师更多关注的砖、瓦、灰、砂、石或木头、玻璃、钢材等建筑材料切入，这不能不有点出人意外，但却是顺理成章的。因为我们实际上并没有看到过任何"建筑"，看到的只是由建筑材料构成的各种各样建筑构件的组合：石头或木头的柱子、砖砌抹灰或石头的墙、瓦的屋顶或石头穹窿……这些材料经由了建筑师符合于科学和艺术规律的匠心独运，凝聚了建筑师的智慧，组成建筑的整体。

材料的质感、色彩、光泽、纹理，本身就是构成整体建筑形象的美的要素；材料构成的构件显现的结构美（力的传递逻辑）和构造美（构件穿插交合的逻辑性），也是建筑美的重要组成；更重要的是，材料是构成整座建筑外部或内部艺术形象——形体和空间最重要的要素，只有通过它们，"建筑"才会呈现在我们眼前。

建筑结构、形体与内部空间概念

这里，我们将主要介绍中国古代建筑的形体和内部空间。

形体容易理解，就是组成建筑形象的点、线、面、体按照所谓形式美的法则如主从、比例、尺度、对称、均衡、对比、对位、节奏、韵律、虚实、明暗、质感、色彩和光影等构图规律，并综合运用它们，造成既多样又统一的完整构图，显出图案般的美和有机的组织性，并取得某种风格。

对建筑形体的欣赏有如欣赏雕塑，是建筑给人的第一印象，人们在远处就能体察到，有些建筑几乎就是完全依靠形体来显示性格的。如埃及金字塔就是一个个简单的正四棱锥体，没有多少建筑表面处理，却给人以深刻印象。

大多数建筑虽也重视面的处理，但形体仍占有重要地位，如中国佛塔和欧洲的塔式建筑，都有高耸的体形，但前者的层层屋檐形成了许多水平线，轮廓饱满而富有张力；后者则一味瘦高，突出升腾之势，显示了不同的性格。在一座或一组建筑中，各大小、形状、方向不同的形体组合到一起，其组合的方法仍是形式美的法则，以形成多样统一的有机体（图01-01）。

1 埃及吉萨金字塔群　2 中国河南登封法王寺塔
3 美国芝加哥流水别墅　4 印度阿格拉泰姬·玛哈尔陵

图 01－01 建筑形体（萧默 绘）

体量是形体的一个重要因素，巨大的体量是建筑不同于其他艺术的重要特点之一。同样的形体，由于体量不同，会有不同的效果。很难设想金字塔在广阔沙漠的对比之下，如果没有几十米乃至上百米高的巨大体量，还会有什么艺术表现力。但体量之大并不是绝对的，体量的适宜才是最重要的。强调超人的神性力量的欧洲教堂都有大得惊人的体量，而显示中国哲学的理性精神和人本主义、注重其尺度易于为人所衡量和领受的中国建筑，体量都不太大。园林建筑和住宅，更重于追求小体量显出的亲切、平易和优雅（图01-02）。

不同体量的组合，仍然运用形式美的法则。

由墙壁、屋顶、地面等建筑围合体围合而成的内部空间，其实也是建筑艺术的欣赏对象。老子说："埏埴以为器，当其无，有器之用。……凿户牖以为室，当其无，有室之用。……有之以为利，无之以为用。"（《道德经》）意思是糅合黏土做成陶器，真正有用的只是它空虚的部分；建造房屋，开门开窗，有用的也只是空间。所以实体只用来围合，空间才是被使用的。空间不但是被使用的，同时也有很大的艺术表现力，这也是建筑艺术与绘画、雕塑的重大区别，也是其优势之一。甚至有人强调说，空间就是建筑的一切，这种说法虽不免有些绝对化，却道出了建筑艺术有别于其他门类艺术的一个重要的本质属性。

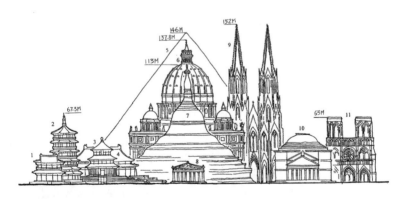

1　天津独乐寺观音阁　2　山西应县释迦塔　3　北京天坛祈年殿　4　北京紫禁城太和殿　5　埃及库夫金字塔
6　罗马圣彼得教堂　7　仰光大金塔　8　希腊帕提隆神庙　9　德国科隆大教堂　10　罗马万神庙　11　巴黎圣母院

图01-02 建筑体量（萧默 绘）

空间的形状、大小、方向、开敞或封闭、明亮或黑暗，都可以对情绪产生直接的作用。宽阔高大而明亮的大厅，会使人觉得开朗舒畅；一个虽广阔但低压而且昏暗的大厅，会使人感到压抑沉闷甚至恐怖；一个狭长而其高无比的哥特式教堂中殿，将使人联想到上帝的崇高、人类的渺小；一个狭长而并不高的长廊会使人产生期待感，起到引导的作用……这些都证明了空间的艺术感染力。如果把室内室外许多不同性格的空间按照一定的艺术构思串连起来，互相交融渗透，再加上建筑实体的不同处理，人们行进在其中，就会产生一系列的心理情绪变化。

所有这些，都要通过建筑材料及其结构才能创造出来。

统观世界上曾经出现过的七大建筑体系，可以发现一个不说奇怪但也值得思索的现象，那就是只有中国建筑是以木结构为本位的，其他六大体系，虽然没有完全拒绝木材，但主要以砖石结构为本位。

一根横梁、两个梁头下面各立一棵柱子，就是一个最简单的构架，在力学上，这根横梁被称为"简支梁"，即简单地被支承着的梁。这个构架，可以用石头来构成，事实上，古埃及和古希腊就广泛地使用了它。但石头却并不擅长于这种任务，横梁稍长一点，长于抗压却很不抗弯的石梁，自己就折断了，即使上面没有支承多少外力。西方自古罗马以后，这种做法逐渐退位，而代之以拱、券或穹窿。

几千年来，中国却长期以木结构为本位。木材质量较轻，加工容易，纤维肌理沿树木纵向延伸，将其用作横梁时，处于受拉状态的梁的下缘纤维可以很好地承受外力。而且，属于柔性材料的木梁具有一定的挠度，即横梁中部可以略向下弯转而不致折断（只要在建造以前将横梁事先制成中部略向上弯的形状，进行视觉矫正，并不容易察觉到这种挠度。事实上，除非是出于装饰，整体属于轻质结构的木结构横梁并不需要这种处理）。这样，我们就可以取得一种跨度比柱径大出很多的梁架，满足内部空间的需要。

　　木结构梁架主要为抬梁式，是以两根立柱承托大梁，梁头柱顶支承檐檩，梁上立两根短柱，其上再置短一些的梁和檩，如此层叠而上，最后，与诸檩条垂直，铺列椽条，承托屋面。重量通过各层梁柱层层下传至大梁，再传至立柱。抬梁式结构拥有较大的跨度，用在较大规模的屋宇如殿堂（图 01-03）。

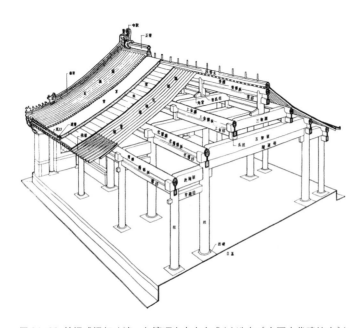

图 01-03 抬梁式梁架（清，七檩硬山大木小式）（选自《中国古代建筑史》）

　　另外还有穿斗式，檩子较细，每条檩子下多有直达地面的柱子，或中隔一至两条短柱再以长柱下达地面，横向以多条水平穿枋将各柱联系起来。两根长柱之间的短柱骑到穿枋上。穿斗式的檩、柱密而细，结构更为轻便，但落地柱较多，不适宜需要大空间的大型建筑，多用在民间规模较小的屋宇如厅堂，南方尤其多见。也有三排架或五排

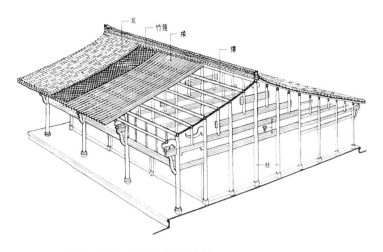

图 01-04 穿斗架（选自《中国古代建筑史》）

架屋宇，中间几个排架是穿斗式，左右山墙是抬梁式（图 01-04）。

中国建筑的形体

中国木结构体系建筑由于构件多，在结构和构造上体现的复杂与精微都为砖石结构所远远不及，其形成的结构美和构造美，体现了中国人的智慧。

但受材料的尺度和力学性能的限制，与砖石结构相比，木结构建筑单体的体量不能太大，形体不能太复杂，有定型化的趋向。中国建筑的屋顶在造型上起很大作用，有五种基本形式：1. 硬山，两面坡，屋面在山墙（左右端墙）处终止，不再挑出；2. 悬山，两面坡，屋面在山墙处外挑；与硬山一样都比较简单，只用在附属建筑，或小型建筑群的次要殿堂；3. 庑殿，四面坡，性格庄重严肃，最为尊贵，多用于中轴线上的主要殿堂。庑殿顶的建筑平面通常长边较长，以保证正脊不致过短。4. 歇山，下部四坡，上部为悬山或硬山，形象比较生动活泼，作为陪衬，用在主殿前后的次殿或两侧配殿。殿堂类建筑凡平面方形或接近方形的，几乎都必须采用歇山顶，否则，因正脊过短而无法实现；5. 攒尖，建筑平面为正方、正多角形或圆形，屋顶向平面中心聚成尖形，随平面可称为四角、六角、八角攒尖，或圆攒尖（图01-05）。

庑殿、歇山和攒尖屋顶都可以做成重檐，以加强气势。唐及宋代的歇山顶比起明清来，正脊较短而两山屋坡较长，屋檐挑出较远，显得轮廓更加鲜明。

在以上几种基本形式基础上，可以演化或组合出多种形式，如十字脊歇山顶、在重檐歇山顶建筑四面各伸出一个小歇山抱厦的"龟头屋"、脊部圆和的"卷棚"等。各类屋顶建筑的组合，形成全群的有机构图（图01-06）。

其实，类似上述五种基本式样的屋顶在其他建筑体系中也存在（虽然构造方式可能不同），但后者的屋檐和屋脊都是直线，屋面为直坡，屋角呈直角，显得僵滞、笨重，

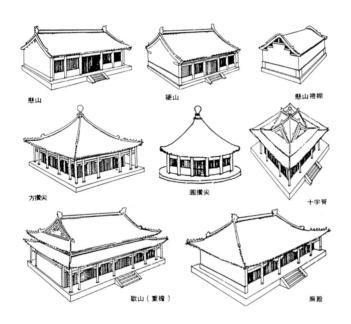

图01-05 中国建筑单体造型（选自《中国古代建筑史》）

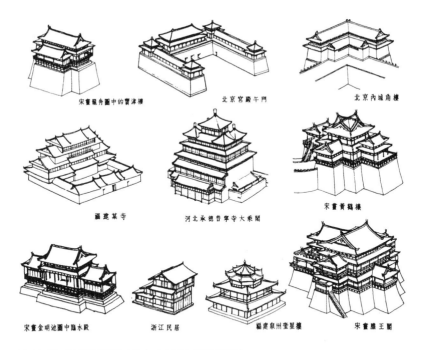

图 01-06 中国楼阁造型（选自《中国古代建筑史》）

过于庞大。中国式屋顶则特别富有曲柔的韵味，像是一首诗，隽永含蓄，充满着一种弹性，这是由下面几种处理手法造成的。

1. 中国建筑的屋面通常都是凹曲面，即从上至下屋面不是平直的，而是中部微凹。控制曲度的方法，宋称"举折"，清称"举架"，做法实极简单，只须调整大梁以上各层短柱的高度即可。庞大的屋顶赖它得以"软化"，显得轻柔若定。唐代屋顶的坡度比起后代甚为平缓舒展，凹度十分得体。唐以后坡度渐陡，至明清而更甚，不如唐代的含蓄有致（图 01-07、08）。有时，在水平方向，屋面也是中部微凹，这只须在檩条近端处垫起一块内高外低的"枕头木"就可以轻易地做到。

2. 庑殿、歇山和多角攒尖屋顶的屋角都呈上翘状，南方的翘度更为显著，称"屋角起翘"。屋角起翘结构复杂，大约至东汉才出现雏形，唐代渐多，宋金以后普及。屋角起翘大大减弱了屋顶的沉重感，意态轻扬而富于韵味。

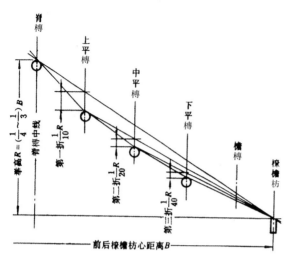

图 01-07 宋《营造法式》规定的举折法

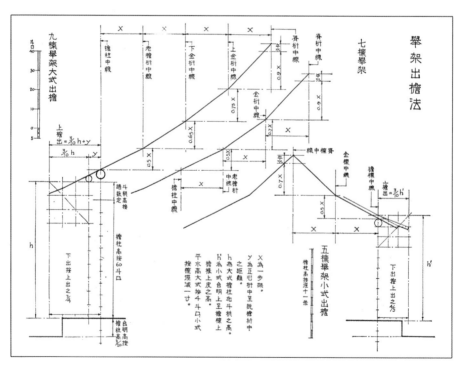

图 01-08 清官式建筑举架出檐法（选自《梁思成文集》）

图 01-09 北京紫禁城太和殿屋顶局部
（请注意庑殿顶的推山和角翘）

图 01-10 汉代巨大斗栱承托的水榭画
像石（河南出土）（选自《中国历代装
饰纹样大典》）

3. 为了纠正庑殿顶大殿由于透视变形而产生的正脊缩短的错觉，正脊常向山面稍微推出，称为"推山"。庑殿推山带来的一个副产品就是庑殿垂脊（与正脊相交的四条斜脊）成为双曲线，使得从任何一个方向（包括转角 45° 的方向）看去都永远是一条曲线（图 01-09）。要加长歇山屋顶的正脊长度，通常是在正脊两端增加一个支持山尖部分的辅助小梁架，正脊从辅助小梁架更加挑出，这种做法谓之"出际"。

4. 唐时，屋顶正脊两端已用很大的"鸱尾"为饰，动态与正脊取得呼应，成为正脊的有力结束。中唐或晚唐时，鸱尾变为"鸱吻"，做出以吻吞脊的形象，风格渐趋繁丽。屋顶的其他各脊脊端也常有装饰，但比正脊小且简。

5. 斗栱是承托屋檐挑出的构件，布列在檐下，形成深深的阴影，明确了屋面和墙面的分界。"栱"是从柱头伸出的弯木，最简单的斗栱只伸出一层，复杂的可挑出多至四层，最上一二层常为斜木，称为"昂"。各层端头还可以有与屋檐方向平行的弯木，也称为"栱"。斗栱出现于战国以前。河南的一些汉画像石十分有趣：水中一座小亭，由从斜梯上层层伸出的巨大插栱支承，最下一条插栱用粗壮短柱承托，非常突出地表现了斗栱的结构作用（图01-10）。敦煌莫高窟盛唐第172窟南、北壁两幅净土变中的大殿，都使用了所谓"双杪双下昂重栱计心造"的柱头铺作，即向外伸出四跳的斗栱（图01-11、12）。

斗栱原本是由于结构的需要而产生的，同时也具有造型的意义：以其繁复与上下的简洁大面对比，以其凹凸错综强调了阴影的起伏进退，有很强的结构美与构造美，形成装饰美。唐代斗栱雄大疏朗，出檐深远，以后变得越来越细柔繁密，至清尤甚，结构美逐渐减弱，装饰美更加加强。这一倾向是时代审美趣味的不同所造成。

6. 斗栱以下为墙面，立柱和架在柱头上水平方向的额枋构成骨架，开间比例扁方，与希腊神庙开间的狭高不同，显示了木头与石头建筑符合材料本性的比例特性。各开间中部几间稍宽，安设门或窗；两端开间窄，开窗，丰富了构图变化并强调了中部。白色的基座，暗红色的柱枋门窗，檐下青绿色的彩画和凹曲形屋面的青灰色瓦，庄重醇酽，达到了高度和谐。

7. 从唐代开始，出现了柱子的"侧脚"和"生起"。侧脚是外檐立柱除了正中一间外，都令"柱首微收向内，柱脚微出向外"，即不是完全垂直的而都向平面中心微微倾侧。生起是除立面正中一间外，其他柱子都稍微增高一点，距中心部位越远增高越多。山西五台山南禅寺大殿和佛光寺大殿都有侧脚和生起。侧脚和生起使造型显得更富于韵味而不板滞，同时也增强了结构的稳定性。但随着中国建筑发展高潮——隋唐时代的过去，明清时，侧脚和生起在官式建筑中逐渐趋于消失。

关于建筑形象的细节处理，关键的一点是合度，不能过分。避免矫揉做作，而使之柔美温润、含蓄内在，才是成功。在唐宋中国建筑艺术发展的高峰时期，这样的作品更多。

中国并不缺乏石材，中国的木材也不是特别丰富。"蜀

图 01-11 莫高窟盛唐第 172 窟北壁壁画佛寺（选自《敦煌建筑研究》）

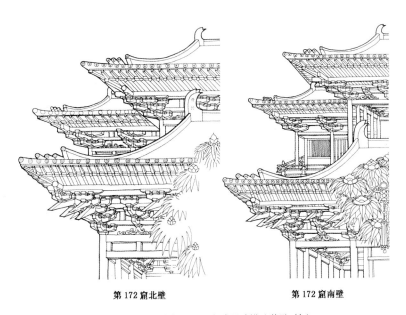

第 172 窟北壁　　　　　　　　第 172 窟南壁

图 01-12 敦煌石窟盛唐第 172 窟壁画斗栱（萧默 绘）

山兀，阿房出"是唐人追述秦时之词，暂可置之不论；但隋炀帝营洛宫之大木都采自远方，以"二千人曳一柱"；宋代在汴梁建玉清昭应宫，大木采自浙江雁荡山；明朝北京每年都接受远从西南各省进交的大木；清康熙重修太和殿，因逢三藩叛乱，南方大木不得至，只得缩小开间……这些，可都是不绝于书的。中国人至迟从东汉起就已经掌握了砌筑砖石拱券的技术。尽管如此，中国还是发展了延续几千年的木结构体系的强固传统，这只有从中国人的文化基因中去找原因了。

深受儒家思想影响、神学观念相当淡漠的中国人，更重视的是一种内在精神的不朽，对于"身外之物"，包括建筑，总是持以一种相当现实的态度，不追求永恒。西方基于对永恒的神性的向往，总是追求一种现实可视的不朽，长期以来凡重要建筑都用石头建造。一座教堂，动辄就要花上几十年甚至几百年，费工耗时，中国人认为是不值得的。同时，儒家主张的"仁者爱人"，"节用而爱人，使民以时"，"罕兴力役，无夺农时"等观念，以及追求温柔敦厚的审美趣味，都与之有重要关系。总之，是中国人的文化在起着最终的作用。

中国建筑的内部空间

无庸讳言，受木材受力性能的限制，与西方建筑相比，中国建筑的体型不够丰富，内部空间也比较缺乏变化，大殿内部，几乎就是一个个简单六面体。但中国古人还是对之进行了尽可能的美化，使之显现出变化的趣味。

例如，山西五台山唐佛光寺大殿，面阔七间长 34 米，进深四间宽 17.66 米，殿内一圈"金柱"（即外檐柱以内的一圈内柱）把全殿空间分为两部分："内槽"与"外槽"。在后排金柱之间和南北二列金柱最后二柱之间设"扇面墙"，墙所围的面积为佛坛，上有三十多尊晚唐造像。此坛面阔五间，造像也分为五组：中部三间分置释迦、阿弥陀和弥勒坐像为主尊，左右均侍立弟子菩萨天王诸像；左右端两间分置乘象普贤和乘狮文殊。内槽空间较高，加上扇面墙和佛坛，更突出了它的重要地位，上面以方格状的"平棋"和四周倾斜的峻脚椽组成覆斗形仿佛帐顶的天花，天花下坦率地暴露明栿梁架。这些梁架既是结构的必需构件，又是体现结构美和划分空间的重要手段。梁上以三朵简单的十字交叉斗栱承平棋枋，斗栱之间为空档，空间在其间得以"流通"，空灵而通透。雄壮的梁架和天花的密集方格形成粗与细和不同重量感的对比。外槽空间较低较窄，是内槽的衬托，在空间形象上也取得对比。但外槽的梁架和天花的处理手法又同内槽一致，全体一气呵成，有很强的整体感和秩序感。所有的大小空间在水平方向和垂直方向都力图避免完全的隔绝，尤其是复杂交织的梁架使空间的上界面朦胧含蓄，绝无僵滞之感。这一实例表明，唐代建筑匠师已具有高度自觉的空间审美能力和精湛的空间处理技巧（图01-13、14、15）。

这座大殿很重视建筑与雕塑的默契，四片梁架划空间为五部，每部都置有一组塑像。梁下用连续四跳偷心华栱，没有横栱，为塑像让出了空间。塑像的高度也经过精心设计，使其与所在空间相适应，不致壅塞和空旷，同时也考虑了瞻礼者的合宜视线：当人位于殿门时，金柱上的阑额恰好可以不遮挡佛像背光，左右二金柱也不遮挡此间塑像的完整组群；当人位于金柱一线时，佛顶与人眼的连线仍在正常的垂直视野以内，不需要特意抬头（图01-16）。

图01-13 五台山佛光寺大殿（萧默 绘）

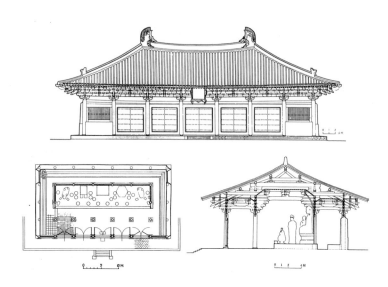

图 01-14 五台山佛光寺大殿（选自《中国古代建筑史》）

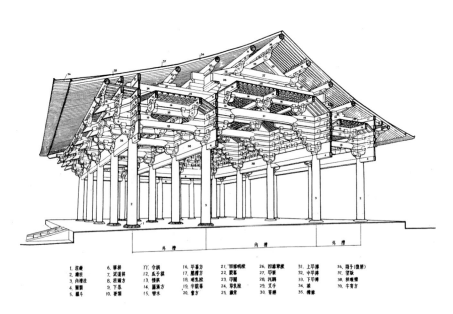

1. 柱础	6. 华拱	YY. 令拱	16. 平基方	21. 四椽明栿	26. 四椽草栿	31. 上平槫	36. 飞子 (楾原)
2. 槲柱	7. 泥道拱	12. 瓜子拱	17. 阑额	22. 驼峰	27. 平槫	32. 中平槫	37. 望板
3. 内槽柱	8. 柱头方	13. 慢拱	18. 峭鬼栿	23. 平梁	28. 托脚	33. 下平槫	38. 拱眼壁
4. 普额	9. 下昂	14. 罗汉方	19. 平暗	24. 草乳栿	29. 叉手	34. 檐	39. 牛脊方
5. 栌斗	10. 要头	15. 替木	20. 素方	25. 蜀柱	30. 脊槫	35. 榑檐	

图 01-15 佛光寺大殿剖面透视（选自《中国古代建筑史》）

图 01-16 佛光寺大殿内部（选自《中国古建筑》）

中国现存古代建筑绝大多数是宗教建筑，殿堂内一般都供奉着佛、菩萨或神仙塑像，建筑如何与塑像密切配合，使二者契合无间，成为内部空间处理的突出问题。一般来说匠师们都做到了以下几点：一、尽量使塑像处在平面深度一半而稍偏后的位置，使其所处的空间相对高大，以空间的对比来强调它的重要性；二、尽量使塑像处在一个相对独立的、具有较强的完整感的空间内；三、塑像前景尽量开阔，减少遮挡，便于瞻视并保证有足够的礼拜场地。

若殿内采用天花，在主要佛像上更多安设藻井，使空间愈加增高，并以其装饰性进一步突出塑像。塑像下都有佛坛，加大人们仰瞻塑像时的垂直视角，增加神佛的庄严感。同样重要的是，佛坛造成了一个与凡人活动区域相对独立的特殊空间，并加强了众多造像的群体感。一般都在佛坛后侧建扇面墙，或是利用塑像的巨大背光来分割空间，空间更显完整，如大同辽金华严寺大殿（图 01-17、18）。

图 01-17 大同华严寺大殿（萧默 绘）

图 01-18 华严寺大殿内部（选自《中国建筑艺术史》）

　　造型优秀的单体建筑,还可以举出一些例证(图 01-19、20、21)。以后各章,将有更多呈现。

　　楼阁的内部空间可以天津蓟县辽观音阁为例。观音阁（五间）内部有一圈金柱，外观两层，但腰檐和平座形成为一个暗层，所以结构实为三层。阁内有高达 16 米直通三层的观音塑像。全阁采用套筒式结构，平座层和上层都是中空的，周绕由金柱向内出挑斗栱承托的两层勾栏（栏干），人们可围绕勾栏在大像的中部和上部瞻仰塑像。平座层勾栏平面长方，上层勾栏平面收小，形状改为长六角形。在大像头顶还有更小的八角形藻井。由下仰视，两层勾栏至藻井层层缩小，平面形式发生有规律的变化，富有韵律且增加了高度方向的透视错觉，建筑和塑像配合得非常默契。上层除藻井外，内外槽都有"平棊"即以

图 01-19 太原晋祠圣母殿（萧默 绘）

图 01-20 大同善化寺大雄宝殿（孙大章、傅熹年 摄）

图 01-21 芮城永乐宫（萧默 绘）

小方木组成的格网天花，外槽平棋较低，内槽提高与藻井底平，强调了观音塑像所在的空间（图01-22、23）。

当我们将视线转向西方，将会发现其与中国有着惊人的不同。

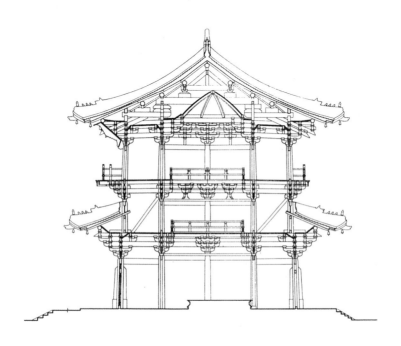

图01-22 独乐寺观音阁剖面（选自《中国古代建筑史》）

图 01-23 独乐寺观音阁内部（罗哲文 摄）

二 >> 　　　坚强有力的石结构
　　　　　　　　和西方建筑的形体与内部空间

　　西方建筑是一种以石结构为主的建筑体系，肇兴于公元前两三千年的爱琴海地区和公元前一千年以来的古希腊，也融合了一些古埃及和古代西亚建筑的某些因素。公元前 2 世纪罗马共和国盛期以后，西方建筑体系长期以意大利半岛为中心，流行于广大欧洲地区，近代又传到美洲和澳洲。欧洲建筑以神庙和教堂为主，还有公共建筑、城堡、府邸、宫殿和园林。在长期发展过程中表现出风波激荡的多样面貌，新潮迭起，风格屡迁，虽代有继承仍表现出明显的断裂性，大致说来有古希腊、古罗马、拜占廷与俄罗斯、基督教早期、前哥特（罗马风）与哥特、文艺复兴、巴洛克、古典主义、古典复兴和折衷主义等许多风格的递相出现。若以曲线表示，可以认为是一些似断似续的、时间颇有重叠的许多波状折线的不断涌现。

古希腊

　　从埃及开始直到希腊，都采用石头构筑的梁柱式结构。但此种结构并不符合石头长于抗压而不宜抗弯的材料本性，跨度、空间和形象都受到极大限制。埃及的柱子都很粗很密，有的石柱的直径甚至大过柱与柱之间的空档。希腊的柱子虽较为疏朗，也仍然不能构成跨度较大、形象更加多样的空间和形体。无论埃及还是希腊，开间都呈竖高状（图 02-01、02 ）。

但就在这种简单的形体上，希腊人创造了一些非常美丽的建筑艺术经典作品，雅典卫城上的帕特农神庙可作为代表。神庙始建于公元前 5 世纪中叶，希腊刚刚战胜波斯不久，体型单纯洗炼，围柱式，各立面都有丰富的虚实与明暗变化。两端山墙的柱廊内有门廊，由挺拔的带有凹槽的陶立克式石柱组成，具有一种肃穆端庄的高贵风度，有很强的纪念性。

帕特农神庙代表了所谓男性风格、刚强有力的陶立克式建筑的最高成就。其柱子比例匀称，比一般陶立克柱更加挺拔，檐部较薄，柱间净空较宽，柱头简洁有力，在刚劲雄健之中隐含着妩媚与秀丽。柱上枋间板上装饰浮雕，

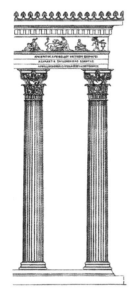

图 02-01 希腊科林斯柱式
（选自《世界建筑经典图鉴》）

图 02-02 埃及卡纳克阿蒙神庙大殿（选自《世界著名建筑全集》）

刻希腊人与野蛮人战斗；三角形外框所围的山花布满高浮雕，构图自然得体。山墙尖和两端突出圆雕饰，包金。围廊内所有的浮雕曾经涂着金、蓝和红色，铜门镀金，瓦当、柱头和整个檐部也都曾有过浓重的颜色，在灿烂阳光照耀的白大理石衬托下，特别鲜丽明快。

雅典人以惊人的精细和敏锐对待这座建筑，柱子从下至上逐渐收小，呈现柔韧的曲线。所有柱子都向着建筑平面中心微微倾斜，使建筑感觉更加稳定。柱子的间距在尽间减小，角柱稍微加粗，使在明亮天空背景下显得较暗因而似乎较细的角柱获得视觉上的校正。所有的水平线条如台基线、檐口线都向上微微拱起，以校正真正水平时中部反觉下坠的错觉。这样，几乎每一块石头的形状都会有一点点差异，体现出建造者极其认真的工作态度和高昂的创造热情（图02-03、04）。

帕特农神庙主要是希腊自由民的创造，当时规定在建筑工地上劳动的奴隶，不得超过总人数的四分之一。法国雕刻家罗丹在提到巴黎圣母院时说："我们整个法国就包涵在我们的大教堂中，如同整个希腊包涵在一个帕特农神庙中一样。"

图 02-03 帕特农神庙

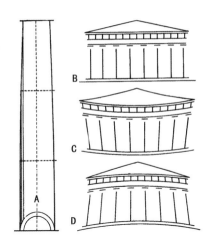

图 02-04 帕特农神庙的视觉处理：A 梭柱；B 神庙意欲给人的印象；C 若真正水平、垂直而给人的错觉；D 视觉纠正处理（选自《外国建筑史参考图集》）

古罗马

在本质上更能体现石材的受力性能的却是券、拱和穹窿结构，说来有点出人意料，它们是由东方人发明的。有考古资料可以表明，至迟在亚述时代（公元前 1500 年至前 8 世纪），西亚人就发明了它，当时是由土坯或烧砖建造的（图 02-05、06），用在城门、墓室或居室。

不知道什么原因，接触过西亚的希腊人却对它很不热心。以后，这种技术传给了原居住在小亚细亚西岸的伊特鲁里亚人，他们在特洛伊战争之后不久（公元前 1000 年以后，约前 8 世纪）来到意大利半岛，定居于今罗马城一带，是这一带的最早居民之一。公元前 4 世纪，代之而起的拉丁人从他们那里了解了这种技术，大感兴趣。碰巧半岛上有很多火山，火山爆发后散落的火山灰遍地都是，用水浇淋可以重新凝结，坚如石头。罗马人利用火山灰，加进水或同时加进石灰，合成灰浆，把石块或砖头凿成楔形，用这种灰浆为粘结材料，可以建造券（单片的拱形）、拱（连续的拱形，又称筒拱）或穹窿（形若半球）、十字拱（十字

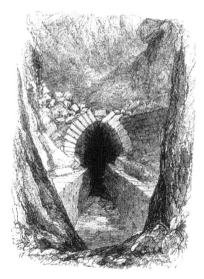

图 02-05 现存最早（公元前 9 世纪）
的筒拱（选自《世界建筑经典图鉴》）

图 02-06 古代两河流域的民居石刻——
尼尼微出土（选自《外国建筑史参考图集》）

相交的筒拱），比西亚的砖砌拱券更加坚固也更加巨大。各石块只承受压力而
不受弯，建筑跨度比梁柱式大得多。以后，更发展了只用混凝土而不用砖、石
的拱和穹窿，施工大为简化，材料供应充足，也更加便宜了。罗马人使用的这
种技术并不复杂，但需要投入巨大的劳动力，这对于实行奴隶制的罗马帝国来
说倒不算什么问题，于是就大大盛行起来，为建筑的发展提供了巨大的可能性
（图 02-07、08、09）。

　　以后，伊朗高原的帕提亚人向罗马人学习，将技术更提高了一层。在帕提
亚，还出现了正面为方墙，中央开巨大的拱龛，龛内再有较小的门，通向殿内，
方墙两旁各以一座塔形建筑结束，被称为"伊旺"（iwan）的构图，这以后被
广泛应用于伊斯兰建筑。

　　公元前 27 年罗马始建万神庙，这是拱券结构的胜利纪念碑，以后它曾被
作为基督教教堂，所以得到特别保护，留存至今。

　　万神庙门廊后面的圆殿是一个下为圆筒上覆圆穹窿的巨大空间，平面直径

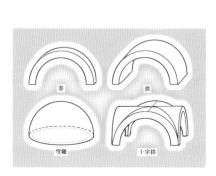

图 02-07 券、拱、穹窿、十字拱（萧默 绘）　图 02-08 古罗马伊特鲁里亚人的拱门（选自《世界建筑经典图鉴》）

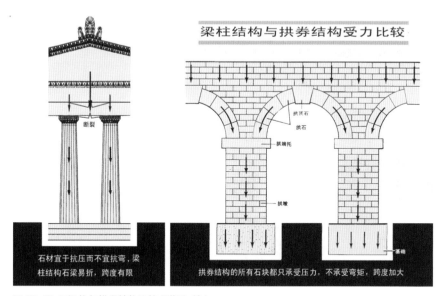

图 02-09 石梁柱与拱券结构比较（萧默 绘）

和穹顶高度恰好都是 43.43 米，空间感非常完整。厚厚的外墙完全不开窗子，穹顶中央有一个直径 8.9 米的圆洞，是唯一的采光口，阳光直泻而下，光线随时间而移动，产生神圣的光影。内墙面强调垂直分划，分上下两层。穹顶表面用放射和水平拱肋组成框格，增加了室内空间的透视效果，有很强的向心韵律。万神庙在艺术上的最大成功在于它的集中式布局，以巨大的体量和完美的形式创造了一个极为完整、单纯、统一、和谐而宏大的内部空间。这种空间，是希腊人从来没有梦想到的，体现了罗马人崇高、宏伟的审美理想（图 02-10、11、12）。

有了穹窿这件新宝贝，建筑师自在多了，一定不会只建了一座万神庙，只是其他的没有保存下来罢了。

图 02-10 罗马万神庙（选自《世界不朽建筑大图典》）

图 02-11 罗马万神庙平面与剖面（选自《外国建筑史参考图集》）

图 02-12 万神庙内部（油画）（选自《全彩西方建筑艺术》）

拜占廷与俄罗斯

公元 313 年，君士坦丁迁都拜占廷，更名君士坦丁堡（今土耳其伊斯坦布尔）。395 年，罗马分裂为东罗马（拜占廷）和西罗马两个帝国。476 年，西罗马亡于西哥特部族的入侵，东罗马一直延续至 1453 年，方被信奉伊斯兰教的奥斯曼帝国所灭。

拜占廷帝国在查士丁尼大帝（ 527 ～ 556 年在位）统治期间号称为帝国的"第一次黄金时代"，此时的建筑以圣索菲亚大教堂最为著名。

圣索菲亚大教堂总平面近方形，西向，中央大厅平面方形，每边 33 米。

为了支承上部巨大的屋顶，结构又有了新的发展：下部是在组成方形的四个巨墩上先建造四个半圆拱，拱间砌三角形有如风帆的"帆拱"。各帆拱其实是同一座穹窿的一部分，这个穹窿不是以方形各边为直径，而是以方形的对角线为直径，砌筑到与四座半圆拱相平、平面已经变成圆形时停止，其形象就像是在一个半球形面包沿其内接正方形四面各竖切一刀，上面再横切一刀的样子，再在这个横切的圆形平面上加上另一个完整的穹顶。穹顶最高处距地达 55 米，空间规模比罗马万神庙更为高大了。不但内部没有一根柱子，像万神庙那样的圆墙或围柱也不再需要，只要在四角砌筑四座墩子就行了。墩子非常巨大，南北 18.3 米长、东西 7.6 米宽。为了平衡中央穹窿向四方产生的水平推力，在中央空间的前后即东西方向各建了一个半穹窿，抵住中央穹窿的拱脚。半穹窿的水平推力又由紧靠着它的二三个较小的次一级半穹顶和墩座抵挡。南北方向的水平推力则由墩座承担。最后，在平面的最外四角覆以较小的对角线拱。整套结构关系明确，层次井然，规模宏大，产生了既统一又多变的效果，给人以漫无际涯、流转无尽的幻觉。以后的发展表明，这种结构还有一个不容忽视的好处，就是在必要的时候，在最高圆穹的下方可以增加一个可高可低的圆筒状"鼓座"，鼓座上可以开窗，使穹顶在外部充分显现。穹顶本身也可以有更多的有如洋葱头的形状，整体外部造型将更加丰富。圣索菲亚教堂还没有这个鼓座，只是在圆穹窿的下部开了一圈共 40 个小窗子，窗间各有 1 根拱肋，共 40 根。从下仰望，大穹顶似乎飘浮在半空中。所以，圣索菲亚教堂的成就主要在于内部空间的创造，外观却相当缺乏表现力。以后，奥斯曼土耳其帝国将教堂改建为伊斯兰寺院，在四角增加了四个高高的伊斯兰尖塔，这才让它变得比较动人了（图 02-13、14、15、16）。

圣索菲亚教堂属于所谓"集中式"，即平面拥有重要性差别不大的纵、横轴线，十字对称（不但左右对称，前后也基本对称）；整个体量呈团块状。造型上，团块中央一般应该被特别强调，成为竖轴线，但圣索菲亚教堂其实并没有完全达到这个要求：中央体量不够高耸，造型不够丰富，没有充分展现其作为构图中心的作用。东正教传入俄

图 02-13 圣索菲亚大教堂侧（西）面（选自《世界不朽建筑大图典》）

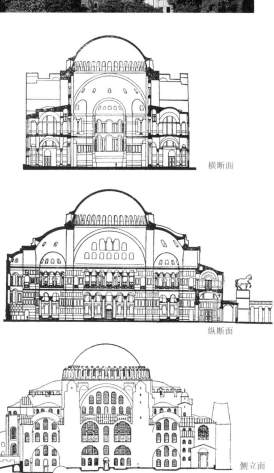

横断面

纵断面

图 02-14 圣索菲亚大教堂剖面与侧立面（选自《外国建筑史参考图集》）

侧立面

图 02-15 圣索菲亚大教堂内部（选自《世界装饰百图》）

罗斯后，在拜占廷建筑的基础上才完成了造型的这个过程，在规模通常不大的教堂上，以特别高瘦的鼓座把中央穹顶高高托起，四角衬以较小穹顶。各穹顶的轮廓有如洋葱头，形成鲜明的俄罗斯民族特色（图02-17、18）。

俄罗斯在被蒙古人占领了三百年后，以伊凡雷帝攻克喀山为标志，终于战胜蒙古人。华西里教堂就是用来纪念这件大事的。教堂既继承了拜占廷的传统，也吸收了被称为"帐篷顶"的俄罗斯民间建筑形式。

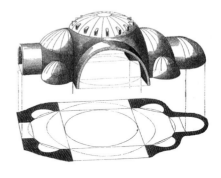

图 02-16 圣索菲亚大教堂的复合式穹隆（选自《世界建筑经典图鉴》）

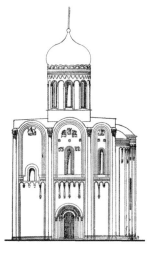

图 02-17 弗拉基米尔附近的波克洛瓦教堂（选自《俄罗斯艺术》）

图 02-18 克里姆林宫内的乌斯平斯基教堂

它由坐落在同一座高大墩座上的九个穹顶塔组合而成，中央一塔最大，高达 46 米，上部就是一座富有民族风格的"帐篷顶"，顶端装饰一座小穹顶。四周围绕八座较小的塔，九塔都冠戴了一座葱头形穹顶，下部鼓出，轮廓饱满。穹顶的样式和色彩变化极其丰富，却借助于中央帐篷顶的统率作用以及细部的呼应对比，构成了完美的整体，像是簇拥成一团的升腾跳跃的火焰，象征着民族崛起的喜悦和胜利的欢乐（图 02-19 ）。

图 02-19 从红场望华西里教堂

欧洲中世纪

从约 5 世纪到 15 世纪，欧洲进入封建社会，称中世纪，希腊、罗马本质上的人本主义古典文化被哥特人的铁骑践踏一空，宣扬禁欲的神本主义的基督教代表了社会的主流意识形态，文化艺术的发展极其缓慢，尤其在被称为"黑暗时期"的早期基督教时期（约 5 世纪到 10 世纪）。但封建制毕竟比奴隶制进步，西欧建筑仍取得了一些成就，在本书所称的前哥特时期（约 10 至 12 世纪）发展速度逐渐加快。早期基督教和前哥特的教堂规模都不大，内部使用了从罗马继承的拱券，全部实砌，因上部结构十分沉重，墙体很厚而且封闭，只开着很小的窗子，整体十分缺乏表现力（图 02-20、21）。经过一系列复杂的结构演变，发展出预制的拱肋，肋间充填较薄的石板，逐渐减轻了上部结构的重量，拱或券也从半圆形逐渐演化为尖形。

图 02-20 西班牙扎莫拉的圣佩德罗教堂（选自《世界不朽建筑大图典》）

图 02-21 西班牙圣萨尔瓦多教堂（选自《世界不朽建筑大图典》）

至中世纪末期，在已经显现出朦胧晨光的天边又闪现出一片耀眼的明星，这就是被称为"哥特建筑"的一批伟大教堂，是整个中世纪最值得称道的艺术成就及建筑艺术史的辉煌篇章。

采用尖券为骨架券，可以构成适用于多种平面的尖拱，这是哥特建筑结构上最重要的特征（图 02-22、23、24）。

这种结构，上部重量被大大减轻，墙壁得到了解放，可以开很大的窗子，甚至全部开窗，明亮多了。窗楣和窗内的分划也是尖尖的。门楣、龛楣，以及无论什么地方——飞拱和钟塔上的镂空券、立面三座大门上面的山墙饰，还有沿天际线布列的塔状饰，也统统是尖尖的，配合着又细又长的柱束，统一在一种又高又直又细又密的网络中，达到高度和谐。如果把这座教堂所有填充的东西都拿掉，只留下拱肋、支肋、横肋、壁肋、柱束等结构框架和门楣、窗楣、龛楣，那简直就是一个石头织成的玲珑剔透的巨大笼子了。这种技术，尤其是当我们想到，它们都是用大小长短不等的石头一块块地砌起来的，的确令人叹

图 02-22 哥特教堂的结构及施工（选自《世界不朽建筑大图典》）

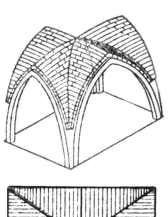

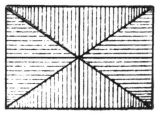

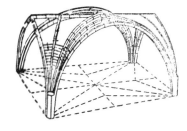

图 02-23 矩形平面由尖券组成的十
字拱（选自《外国建筑史》）

图 02-24 长方形平面由带支肋的尖
券组成的十字拱（选自《外国建筑史
参考图集》）

为观止，可以说是人类使用石头可以达到的最高境界。

巴黎圣母院始建于 1163 年，大约 90 年以后才算完工，是早期哥特建筑第一个成熟作品，世界建筑艺术史的杰作。正立面很美，是典型的哥特式双塔构图。底层有深深内凹的三座尖拱券"透视门"，门上有一列横带，刻 26 位国王像，也都又瘦又高。上层正中巨大的玫瑰花窗由整块石板刻成，左右两部在大尖拱下各有两个窗子。在上部横列装饰带上布满一排透雕的尖拱柱廊。一对镂空的塔楼耸出在二层以上，左右对峙，楼上各有两个十分高瘦的尖拱窗。所有造型元素都统一在一种向上的动势之中，垂直感很强（图 02-25、26）。

教堂后部十字交点上的高塔高达 90 米，又细又尖。侧厅立面上也有尖拱和巨大的玫瑰花窗，加上三面环绕的一条条飞拱和横墩，整体造型非常丰富。

中厅宽 12.5 米，却高达 30 余米，空间十分竖高。法国伟大的人道主义作家雨果，在他的不朽之作《巴黎圣母院》中用了几千字详细描述了它。他动情地说："这个人，这个建筑家，这个无名氏，在这些没有任何作者名字的巨著中消失了，而人类的智慧却在那里凝固了，集中了。这个可敬的建筑物的每一个面，每一块石头，都不仅是我们国家历史的一页，并且也是科学史和艺术史的一页。"雨果还说："人民的思想就像宗教的一切法则一样，也有它们自己的纪念碑。人类没有任何一种重要思想不被建筑艺术写在石头上。人类的全部思想，在这本大书和它的纪念碑上都有其光辉的一页。"的确，伟大的建筑不仅是供使用的，也是一种伟大的艺术，其内涵则是文化。在 1900 年以前已行销250 多万册，包括中文在内已有了 14 种文字译本的《西洋艺术史》的作者美国人简森也认为："当我们想起过去伟大的文明时，我们有一种习惯，就是应用看得见、有纪念性的建筑作为每个文明独特的象征。"他把建筑称之为"颠峰

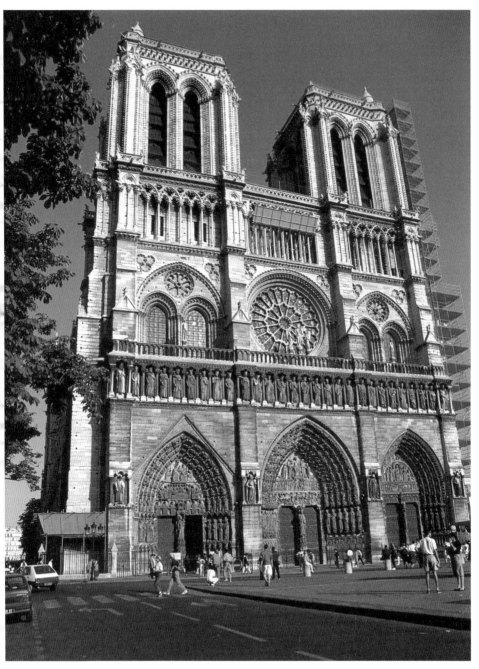

图 02-25 巴黎圣母院

图 02-26 巴黎圣母院中厅
（选自《世界著名建筑全集》）

性的艺术成就"。

德国科隆大教堂始建于 1248 年，历经 650 年，到 19 世纪末方建成，是哥特教堂工期最长的，也是当时北欧最大的教堂。它更加追求垂直感，正立面的横带已完全消失，在两层之上有一对巨大的塔楼，上面高高耸起尖顶，总高达 152 米，直刺苍穹，打破了库夫金字塔（高 146 米）保持了将近 4000 年的世界最高建筑记录。整个教堂的外部通通由垂直线条统贯，向上的飞腾动势令人迷惘，又尖又高的塔群、瘦骨嶙峋笔直的束柱、筋节毕现的飞拱尖券，仿佛随时能使得这些巨大的石头建筑脱离地面，冲天而起。人们的灵魂也随之升腾，直向苍穹，升到天国上帝的脚下。与巴黎圣母院相比，科隆大教堂表情更加峭峻清癯，更充分体现了基督教宣扬的那种绝尘脱俗的精神（图 02-27）。

图 02-27 科隆大教堂（选自《世界不朽建筑大图典》）

文艺复兴

　　西方文化有两种基因，称"两希文化"：一种文化为古希腊人创造，由古罗马人继承并发展的古典文化，其核心的精神为"人本"；另一种文化由古希伯来人创造的基督教文化，以后经演变，强调"神本"。此二者常处于激烈的碰撞之中，建筑风格正是随着二者的消长而发生转变的。随着西罗马的覆亡，古典文化被北方蛮族扫荡殆尽，仇视文化和艺术的基督教神学成了全社会的"总的理论，是它包罗万象的纲领"。这一阶段教会成了社会的中心。

　　但人文主义并没有被灭绝，在地下潜行约一千年后，随着欧洲第一批资产阶级的逐渐成长而逐渐苏醒。"拜占廷灭亡时（1453 年）所救出的手抄本，罗马废墟中所掘出来的古代雕刻，在惊讶的西方面前展示了一个新世界——希腊的古代；在它的光辉的形象面前，中世纪的幽灵消失了，意大利出现了前所未有的艺术繁荣，好像是古代的再现，以后就再也不曾达到了。"这就是文艺复兴。

意大利佛罗伦萨圣玛丽亚大教堂是文艺复兴建筑的第一声春雷：排斥了哥特的尖拱尖券，古罗马的穹窿顶重新出现，而且被拔高了，形体更为矫健挺拔，它骄傲地突现在城市高空，宣示了新的审美理想的到来。1419 年，布鲁涅列斯基承担了设计任务，20 年后终于建成。大穹顶直径达 41.5 米。

布氏真正的开拓性意义在于他也参考了哥特建筑的尖拱和拱肋，把哥特建筑结构与古典建筑形式巧妙地结合起来，共同为新的建筑文化服务。

教堂正八角形的穹顶下方有高 12 米的鼓座，设计者利用哥特建筑的宝贵经验，穹顶采用了双圆心尖拱形式，以减少侧推力，也增加了高挺雄健的气势。为了同时顾及外观和内部空间效果，穹顶为双层。外层券顶中央加了一座采光亭，总高达 107 米。穹顶由 8 条粗壮有力的骨架肋构成基本构架，穹面全部以红色面砖覆盖，突出 8 条主肋（图 02-28）。

图 02-28 佛罗伦萨圣玛利亚大教堂

穹顶饱满而富于张力的造型，标志着文艺复兴的首创精神和豪迈气概。布鲁涅列斯基创造的这座穹顶，以其理性精神与中世纪哥特尖塔的浪漫主义形成有力的抗衡，成为文艺复兴突破教会精神的胜利纪念碑。

文艺复兴盛期最重要的作品就是罗马圣彼得大教堂（1506～1626年），也是世界最大的教堂。

圣坛上方升起的大穹顶高高耸立在鼓座上，极其雄伟刚健，直径41.9米，总高竟达137.8米，实现了一代人创造罗马有史以来最伟大建筑的宏愿。鼓座下四角有四座边长达18米的墩座，通过墩间的筒拱和四角的四边形帆拱支持圆形鼓座，在离地面76米处擎起鼓座和大穹顶，顶部冠以采光亭。大穹顶被特意拉长成半卵圆形，也有许多形为双肋拱肋来强调它，比佛罗伦萨主教堂的拱肋更加有力。拱肋与鼓座的双柱对位，结构逻辑一目了然，气质非常昂扬而饱满。四角的较小穹顶与中央大穹顶呼应，突出了大穹顶的统率地位。这个大穹窿被称为全世界最完美的造型（图02-29、30、31）。

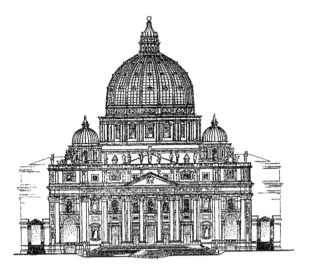

图02-29 建成的圣彼得大教堂立面（选自《外国建筑史参考图集》）

图 02-30 圣彼得大教堂
穹窿顶（选自《罗马从
起源到 2000 年》）

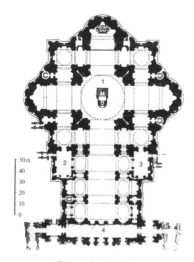

图 02-31 建成的圣彼得
大教堂平面（选自《外
国建筑史参考图集》）

1 祭坛　2 卡罗礼拜室
3 萨戈拉门托礼拜室　4 门廊

西方建筑的大穹窿，其外张、饱满和充满力度感，给人以深刻印象。中国建筑屋顶处处都是凹曲线、凹曲面的内敛性格，与之形成了有趣的对比。

圣彼得教堂的内部空间极其复杂多变，可以说达到了石结构建筑所可能达到的顶峰，更为木结构建筑所无法想象。在中央大穹顶下面有四座半圆大拱门通向左右前后各较小空间，拱门之间连接四边形帆拱弧面，其中饰以浅圆龛，由再上的一个完整的低鼓座统束起来。再接以开着窗的高鼓座，最上接建大穹顶。与佛罗伦萨圣玛丽亚大教堂一样，大穹顶有内外两层，无论从内部还是从外部欣赏穹窿，都可以获得完美的印象（图 02-32、33）。

中厅左右也有许多大拱门，通向左右各空间，这些空

图 02-32 圣彼得大教堂主厅（选自《世界著名建筑全集》）

图 02-33 圣彼得大教堂圆顶内景

间还可以向上延伸。

　　圣彼得教堂内部空间，其总的氛围，以高昂、健康、欢乐为基调，与哥特教堂显现的冷峻、空灵、忘我、神秘完全不同。前者体现了人的世俗要求，后者更多体现了基督教神学的观念。

西方17世纪至19世纪建筑

　　从 17 世纪开始，文艺复兴时期流行的建筑样式经常被引用，包括以大穹窿为特征的罗马式、以列柱柱廊为特征的希腊式，也包括文化复兴时期创造出来的新式样。法国在 16 世纪中叶到 18 世纪末即法王路易十三至路易十六时期，建立了专制王朝，君权达到了西方从来没有的高度，建筑被称为古典主义，就来源于意大利文艺复兴，风格堂堂大度，高贵而庄严。

1665 年巴黎卢浮宫东立面的改造标志着古典主义在法国的成熟。整个立面横向分为左、中、右三段，以中段为统率，三段间连以柱廊，总体呈五段。纵向分为基座、柱廊和檐口三节，以庄重而富有节奏感的柱廊为主体。各部的垂直和水平划分都有严格的几何数量关系，绝对对称，充满理性精神，没有多余的装饰，简洁、雄伟、庄重、典雅，树立了古典主义的最高典范。这种纵三横五的划分建筑立面的方式，丰富了造型手法，以后成了一代之规，在各国得到长久的采用（图 02-34）。

图 02-34 卢浮宫改造后的东立面（选自《世界著名建筑作品全集》）

古典主义时代，在巴黎还兴建过几座城市广场，著名者如旺多姆广场、协和广场和建于拿破仑时代的雄狮凯旋门等（图 02-35、36）。

凡尔赛宫及其大花园在巴黎西郊 20 余公里，路易十四对路易十三建成的猎宫进行改建和扩建，也是古典主义的。后面章节我们将会专门讨论。

从 18 世纪中叶起至整个 19 世纪，为了政治的需要，新兴资产阶级对古代民主的希腊和繁荣的古罗马极尽礼赞崇拜，古典复兴以及其他几种以古典形式的再现或组合为主的建筑潮流，也就成了欧美建筑运动的主流。

图 02-35 巴黎协和广场

图 02-36 雄狮凯旋门（选自《西方建筑名作》）

为了区别法国王权时代的古典主义，古典复兴在艺术界更多被称为新古典主义，包括罗马复兴，也包括希腊复兴。其他几种基于传统的潮流还有浪漫主义（哥特复兴）和折衷主义。法国更多的是罗马复兴，英国、德国则更多希腊复兴和哥特复兴。俄国人跟着法国走，也基本上是罗马复兴。美国人出于弘扬新国家的国威，在独立战争时与法国的关系也挺好，同样以罗马复兴为主，也有更利于体现民主精神的希腊复兴。

比较著名的希腊复兴建筑为巴黎马德兰教堂（1806 ～ 1842 年），端庄肃穆，有极强的纪念性（图 02-37）。

法国更多罗马复兴建筑，如雄狮凯旋门，始建于 1806 年拿破仑当皇帝的时候。

英国更多倾向于希腊复兴，代表建筑大英博物馆建于 1825 至 1847 年（图 02-38）。英国爱丁堡城被称为"英国的雅典"，也有许多希腊复兴建筑（19世纪初）（图 02-39）。

图 02-37 马德兰教堂（选自《西方建筑名作》）

图 02-38 伦敦大英
博物馆（选自《世界
不朽建筑大图典》）

图 02-39 爱丁堡皇
家高等学校（选自《西
洋建筑发展史话》）

　　在 18 和 19 世纪，以英国为堡垒，欧洲还流行过一阵
子哥特复兴（浪漫主义）。一些可能合理的解释是与英国
人当时的反法心理有关。从法国大革命到第一、第二帝国，
法国人同欧洲包括英国、德国、俄国和意大利在内的许多
国家都打过仗。战争产生仇恨，既然法国主要崇尚古罗马，
法国人的世仇英国人却偏不跟着走，除了希腊复兴以外，
哥特复兴当然也是一种选择。

　　伦敦国会大厦（1836～1868 年）是英国大型公共建

筑中第一个也是世界最重要的哥特复兴建筑。大厦的平面沿泰晤士河西岸向南北展开，形成了十分丰富的天际线（图 02-40）。

德国以希腊复兴为主，也流行过哥特复兴和罗马复兴。

德国的希腊复兴如柏林东门勃兰登堡门（1753 年）、柏林歌剧院（1818 年）和柏林老博物馆（1824 年）。

雷根斯堡战殁者纪念堂建于 1830 至 1841 年，几乎直接来自于雅典卫城（图 02-41）。

柏林国会大厦建于 1884 至 1894 年，以希腊式样为主，并吸收了文艺复兴以来的各种造型元素。大厦最值得注意的是议会大厅上方耸出的大穹顶，一反以前已习惯了的带鼓座的圆形，而采用了方形平面，钢结构，大量使用玻璃，体现了技术的进步（图 02-42）。

彼得大帝及其以后的俄国，向往西方文化，建成了一大批模仿当时西方的作品。圣彼得堡临海郊区建造的夏宫（1724 年），基本上取法国古典主义风格。随后在圣彼得堡郊外皇村建造了叶卡捷琳娜宫。

19 世纪新古典主义时圣彼得堡沿涅瓦河岸分布的建筑群是近代俄罗斯建筑

图 02-40 伦敦国会大厦东侧

图 02-41 雷根斯堡战殁者纪念堂
全景（选自《西方建筑名作》）

图 02-42 柏林国会大厦（选自《西
方建筑名作》）

的著名作品。海军部大厦（1806 ~ 1823 年）在建筑群中部，它的门楼是俄罗斯最优秀的建筑艺术作品之一（图 02-43）。其东为冬宫广场，广场北为冬宫（1754 ~ 1762 年），南部围合总参谋本部大厦。参谋本部大厦中部是一座前后双重的凯旋门式建筑，成为冬宫广场的入口（图 02-44）。

1776 年美国独立，为表现国家独立、民主、自由和光荣，同时美国人也需要借用欧洲的古典形式来弥补自身文化的先天不足，同样借用了古典复兴，其最重要的作品就是华盛顿国会大厦（图 02-45）。由大厦往西，有一条著名的长度超过 3 公里的林荫大道，分布着各种具有纪念性意义的建筑物。

到此，我们已欣赏了西方 2500 年前的著名建筑，在短短的篇幅中，只能介绍中外各地域建筑发展的大势，举出一些最重要的例证，读者若愿意进行更多的探讨，可能需要扩大阅读量和阅读范围。

图 02-43 圣彼得堡海军部大厦门楼
（选自《西方建筑名作》）

图 02-44 圣彼得堡冬宫前的参谋本部大拱门和亚历山
大一世纪功柱（选自《世界文化与自然遗产－欧洲》）

图 02-45 华盛顿美国国会大厦（选自《西方建筑名作》）

三 >> 院落组合形成的
中国建筑丰富的外部空间

　　所谓建筑的外部空间，就是建筑外墙以外建筑群之间的空间，如果有包围整个建筑群的围墙，一般就指围墙的范围。如果没有围墙，那就是从视觉而言建筑群的影响范围。

　　从前两章，我们可以看到，由于中西文化观念的不同，决定了其建筑材料和结构的不同，从而也决定了建筑的形体和内部空间存在巨大的差别。简言之，中国建筑受到木结构梁柱结构的很大限制，外部形体不够多样，内部空间也不够发达，总体风格倾向于温润柔美；西方建筑以砖石结构为本位，挣脱了梁柱体系，发展了拱券穹窿结构，大大拓展了形体和空间的创造可能性，在两千多年的发展中，展现出绰约多姿的风貌，总体风格则倾向于刚健雄强。但是，当我们把眼光转向室外，我们将会惊人地发现，由于中国人特别强势的群体观念，很早以来就发展了群体构图的概念：建筑群以院落的形式横向伸展，占据很大一片面积。这就产生了外部空间的课题，即通过多样化的院落方式，把各个构图因素有机组织起来，包括各单体之间的烘托对比、院庭的流通变化、空间与实体的虚实相映、室内外空间的交融过渡，以形成总体上量的壮丽和形的丰富，渲染出强烈的气氛，给人以深刻感受。总之，中国建筑在外部空间的创造上，占据了世界的高峰，而远远凌驾于西方之上。可以说，"群"是中国建筑的灵魂，甚至为了"群"的统一，不惜部分地牺牲了单体的多样。

由此，我们可以知道，欣赏中西建筑要有不同的眼光。欣赏中国建筑，不仅要欣赏某座建筑单体的造型，它的体、面、线的变化，内部空间所造成的气氛以及装饰的运用，而且要以更宏大的目光，着眼于欣赏建筑群的整体处理，包括单座在群中的作用，单座与单座的关系等等，可以说，"美在关系"这句话在中国建筑中体现得最为鲜明。

宫殿

中国建筑的特征，在宫殿中体现得更加突出。非常值得庆幸的是，不易保存的木结构建筑，至今还完整保留了一座明初宫殿北京紫禁城，给我们提供了极好的研究范例。

北京紫禁城建成于 1420 年，是在拆除了的元宫的基础上建成的。全宫有一条从南至北的纵轴线，也是建筑群的中轴线。从南头宫殿区起点大明门算起，穿过皇城、宫城，至景山，全长约 2500 米，又可分为三节。每一节和各节中的每一小段，艺术手法和艺术效果各有不同，但都围绕着渲染皇权这一主题，相互连贯，前后呼应，一气呵成的（图 03-01）。

一、前导空间：长达 1250 米，恰为宫殿区纵轴线全长的一半，由承天门（今天安门）、端门和午门前的三座广场组成。

大明门建于平地，体量较小，形象也不突出，只是一座单檐庑殿顶的三券门屋，砖建。门内天安门广场呈丁字形。先是丁字长长的一竖，两旁夹建长段低平的千步廊，以远处的天安门为对景。纵长的广场和千步廊的透视线有很强的引导性，千步廊低矮而平淡的处理意在尽量压低它的气势，为壮丽的天安门预作充分的铺垫。至天安门前，广场忽作横向伸展，横向两端各有一座类似大明门的门屋。高

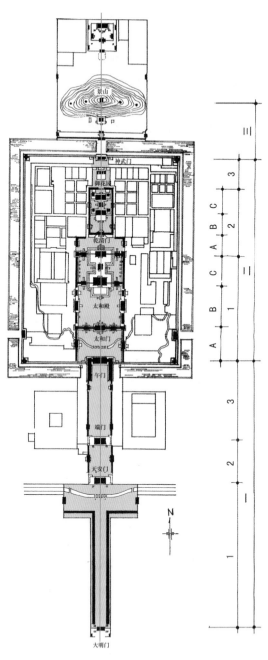

图 03-01 紫禁城中轴线构图系列分析（萧默 绘）

大的天安门城楼立在城台上，面阔九间，重檐歇山顶，城台开有中高边低的五个券门，门前有金水河和正对五个门的五座石拱桥。洁白的石桥栏杆、华表和石狮，与红墙黄瓦互相辉映，显得十分辉煌，气氛开阔雄伟，与大明门内的窄小低平形成强烈对比，是前导序列的第一个高潮。这种欲扬先抑的处理是中国建筑群体构图经常采用的手法。中国建筑鄙视一目了然，不屑于急于求成，讲究含蓄和内在，天安门广场是其杰出范例（图03-02、03）。

图 03-02 北京天安门（马炳坚等 摄）

图 03-03 北京天安门侧面（萧默 绘）

端门广场方形略长，虽较千步廊甬道宽，但较承天门前的横向尺度收缩很多，四面封闭，气氛为之一收，性格平和中庸，是一个过渡性空间，预示着另一个更大的高潮。

午门作为宫城正门，继承隋唐至元一以贯之的传统，作凹字形。从地面至殿顶高 37.95 米，是紫禁城的最高建筑，作为宫殿的正式入口，也是前导序列的最高潮。午门广场以以下的艺术手法，很好地完成了其艺术使命。1. 采用封闭而纵长的广场，出端门到午门，沿中道行进需要较长的时间，情感可以得到充分的酝酿；2. 从端门望午门，较远的视距将会削弱广场尽头主体建筑的体量感，午门呈凹字的平面左右前伸，拉近了与人的距离，扩大了水平视角，丰富了整体造型；3. 当人距午门越来越近时，呈凹字形平面三面围合的巨大建筑扑面而来，高峻单调的红色城墙渐渐占满整个视野，封闭、压抑而紧张的感受步步增强；4. 广场左右的长列朝房被尽量压低，更有意压小的尺度，反衬出午门的雄伟壮丽。午门的三个门洞都是很少见的方形，比圆拱更加严肃，应该也是一个有意识的处理（图 03-04、05）。明朝是一个高度强化的皇权专制政权，建筑艺术就十

图 03-04 北京紫禁城午门（孙大章、傅熹年 摄）

图 03-05 午门及前朝（模型）（萧默 摄）

分贴切地反映出这种社会属性，比起前代与之相当的建筑如唐大明宫含元殿，虽然规模较小，却更加森严冷峻，不同于后者的开阔、明朗。

二、高潮：即紫禁城本身，由前朝、后寝和御花园三段组成，长约950米；

太和门广场宽度忽然加大，深度减少，气氛较午门广场大为缓和，成为从大明门起三个宫前广场气氛层层加紧之后的缓冲和过渡（图03-06）。

太和殿广场与太和门广场同宽，正方形，是整个宫殿区乃至整个北京城的核心。大殿高踞于层层收进的三层白石台基之上，宽大的台基向前凸出于广场。为了保持院庭空间的端方完整，大殿前檐与院庭后界平，大殿本身已在院庭以外，是中国现存最大殿堂。从广场地面至殿顶高35.05米。巨大的体量及金字塔式的立体构图，显得异常庄重而稳定、严肃和凛然不可侵犯，象征皇权的稳固。

微微翘起的屋角和略微内凹的屋面也表现出沉实稳重的性格。台侧两座不大的门屋与大殿形成品字形立面，是大殿的陪衬。廊庑围合，左右两座楼阁，形成横轴。（图03-07、08）。

图 03-06 太和门广场（萧默 摄）

图 03-07 从太和门内望太和殿

图 03-08 太和殿

　　从大明门开始到太和殿以至后廷，全用大砖和石铺砌，没有绿化，显示出严肃的基调。但太和殿广场和午门广场与太和门广场相比，在统一的严肃基调中又有微妙的不同：它没有午门广场那么威猛森严，其性格内涵更为深沉丰富，是在庄重严肃之中蕴含着平和、宁静与壮阔。庄重严肃显示了"礼"，"礼辨异"，强调区别君臣尊卑的等级秩序，渲染天子的权威；平和宁静寓含着"乐"，"乐统同"，强调社会的统一协同，维系民心的和谐安定，也规范着天子应该躬自奉行的"爱人"之"仁"。所以，不能一味的威严，也不能过分的平和，而是二者的对立统一。在这里既要保持天子的尊严，又要体现天子的"宽仁厚泽"，还要通过壮阔和隆重来彰示皇帝统治下的这个伟大帝国的气概。建筑艺术家通过这些本来毫无感情色彩的砖瓦木石和在本质上不具有指事状物功能的建筑及其组合，把如此复杂精微的思想意识，抽象地却又十分明确地宣示出来了，它的艺术成就是中国艺术史的骄傲。必须提到，像这样一种在封建社会中几乎已成为全民意识的群体心态、这种包涵着深刻意义的一整套社会观念，也只有通过建筑这种抽象形式的艺术，才能够充分地表现出来。

　　太和殿与中和殿、保和殿同在一座三层工字表石台基上。有宋金元工字殿的遗意。工字台基前凸出大月台，依上南下北方位，则呈"土"字。按中国金、木、水、火、土的五行观念，土居中央，最为尊贵（图 03-09）。

　　后寝以横向的乾清门广场（称天街）为前导，前中后三院。三殿共同坐落

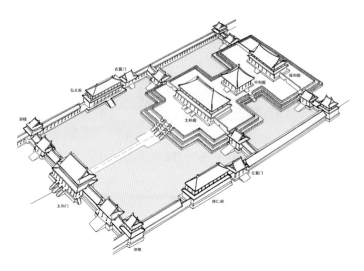

图 03-09 前朝三大殿鸟瞰（选自《巍巍帝都——北京历代建筑》）

在一个一层高的工字形石台基上。后寝的建筑和院落都比前朝小得多，面积正当前朝四分之一，但比例与前朝相同，其组合规制和建筑形象也与前朝相似，仿佛是交响乐曲主题部的降格再现（图 03-10）。

前朝后寝以后为御花园，因其位于严整的宫殿群之中，布局对称，但其中古木参天，浓阴匝地，毕竟还是宫内最富于生活情趣的地方（图 03-11）。

三、系列的收束：景山，自神武门至景山峰顶，长约 300 米。景山又名"镇山"，含有镇压元朝王气的寓意，山下正好压着元宫的延春宫。

沿山脊列五亭，建于清乾隆间（1751 年），中心峰顶上的万春亭顶尖距地面高约 60 米。紫禁城沿轴线而来的汹汹气势需要一个有力的结束，体量不能过小，任何建筑都不可能担此重任，且建筑过大，也必将夺去宫殿本身的气

图 03-10 乾清宫（楼庆西 摄）

图 03-11 御花园（选自《紫禁城》）

势，在此堆筑起颇大的景山而在山顶建造不大的亭子，是非常巧妙的处理。宫城需要一座背景的屏障，丰富在宫城内能看见的天际线，提示宫城规模，也是宫城与宫城以外大环境的联系，景山恰可完成此责。乾隆皇帝说："宫殿屏宸，则曰景山。"（图03-12）

万春亭方形三重檐，绿边黄琉璃瓦顶；两旁二亭较小，八角重檐，黄边绿琉璃瓦顶；最外二亭最小，圆形重檐，紫边蓝琉璃瓦顶。在体量、体形和色彩上都呈现了富有韵律的变化。方形、黄色，较为严肃，与宫殿的气氛、宫殿建筑的矩形、方形平面及黄琉璃瓦更易协调，所以用在中央大亭。圆形、蓝色，较为灵巧，与紫禁城外的广大内苑更易融合，二者之间又有联系和过渡。

像紫禁城这样巨大、复杂而表现出极高水平的建筑群体构图，在别的国家是极为少见的，可以说是全世界的最高典范。西方建筑的出发点是面，完成的是团块状的体，具有强烈的体积感。欣赏西方建筑，就像是欣赏雕刻，它本身是独立自足的，人们围绕在它的周围，其外界面就是供人玩味的对象。在外界面上开着门窗，它是外向的、放射的，欣赏方式重在"可望"。

中国建筑的出发点是线，完成的是铺开成面的群。以绘画作比，群里的廊、

图03-12 角楼和景山

墙、殿、台、亭、阁以及池岸、曲栏、小河、道路等，无非都是些粗细浓淡长短不同的"线"。中国的建筑群就是一幅"画"，其外界面是围墙，只相当于画框，没有什么表现力，对于如此之大的"画面"来说，人们必须置身于其中，才能见到它的面貌，所以不是人围绕建筑而是建筑围绕人。中国的建筑是内向的、收敛的，其欣赏方式不在静态的"可望"，而在动态的"可游"。人们漫游在"画面"中，步移景异，情随境迁，玩味各种"线"的疏密、浓淡、断续的交织，体察"线"和"线"以外的空白（庭院）的虚实交映，从中现出全"画"的神韵。

就像中国画中任何一条单独的线，如果离开了全画，就毫无意义一样，中国建筑的建筑单体一旦离开了群，它的存在也就失去了根据。太和殿只有在紫禁城的庄严氛围中才有价值，祈年殿也只是在松柏浓郁的天坛环境中才有生命。

中国建筑的空间美，毋宁说主要存在于室外空间的变化之中，就建筑单体而言，它是外部空间，但就围墙所封闭的整个建筑群而言，它又是内部空间。但这个空间只有一个量度——它是露天的。而且即使在水平方向，它也随时可以通过空廊、半空廊、檐廊、亭子和门窗渗透到其他内外空间中去，它的大小和形状都是"绘画"性的，没有绝对明确的体形和绝对肯定的体积。这种既存在又不肯定，似静止而又流动的渗透性空间，就是所谓"灰空间"，好像国画中的虚白和虚白边缘的晕染，空灵俊秀，实具有无穷美妙的意境——"即其笔墨所未到，亦有灵气空中行"（高蝺《论画歌》），"虚实相生，无画处皆成妙境"（笪重光《画筌》）。艺术家匠心所在，常常正是此无笔墨处。

中国建筑院落虚实相生的经营，大约有三种基本型式：第一种为四合院式，内虚外实，就象紫禁城各院落一样；

第二种是将构图主体置于院落正中，势态向四面扩张，周围构图因素尺度比它远为低小，四面围合，势态则向中心收缩，也取得均衡，可谓内实外虚。以上两种方式都可称之为规整式，都有明确的贯通全局的轴线。前者强调纵轴线，可扩展组成一系列纵向串联的院子，后者的纵横两条轴线基本处于同等地位，自足自立，不再扩展。第三种方式的院落外廓不规整，院内建筑作自由布局，势态流通变幻，但乱中有法，动中有静，初看似觉粗服乱头，了无章法，其实规则谨严，格局精细，可谓虚实交织，在园林中有更多的运用。这种形式没有贯通全局的轴线，但在内部的各个小区，则存在一些小的轴线，它们穿插交织，方向不定，全局则可大可小，可名之曰自由式。在足够大的建筑群中，以上三种组合方式常常交相辉映。

在群体布局中，除了中轴线的序列处理具有头等重要的意义外，对于轴线两侧建筑的布局也要给以重视。它们是轴线的烘托，古代建筑艺术箴言所谓的"万法不离中"。中轴线两侧的布局大致对称。千步廊东、西布置中央级衙署。午门广场外分置"左祖右社"。"祖"指太庙，祭祀皇族祖先；"社"指社稷坛，祭祀以农立国的国土之神"社"和五谷之神"稷"。这种宫殿居中，左右分列祖、社的布局，又鲜明体现了族权和神权对于皇权的衬托。

后寝东、西各有一纵街（称永巷），每街左右各有三座小宫院，合称六宫，为妃嫔住所。东西六宫以外及其南北还有许多宫院，也基本左右对称。东北外东路有宁寿宫宫院，为乾隆作太上皇的颐养之所，其布局方式似乎是前朝后寝的缩小。宁寿宫西部是乾隆花园。此外，在城内周边和其他空地还散布有一些次要宫院、宫廷花园、皇家佛寺和供应保卫用房。

紫禁城的设计，还利用了其他一些造型手法，如视角设计、色彩与装饰等。其中视觉设计尤为重要，是进行内、外空间创作时必须考虑的问题。

当人与所观赏的景物的距离约等于景物的横向全宽时，这时的水平视角约为54°，正好与人眼的自然水平视野张角相近，是一个较理想的观赏位置。距离过远，左右次要的景物进入视野太多，主景不能突出；距离过近，则难见主景全貌。当人与景物的距离约等于景物高度的三倍时，这时的垂直视角约为18°，是观赏全景的最佳垂直角度。若距离过远，则天空露出太多，影响主景的突出；反之，则不能舒适自然地接受景物的全貌。在外部空间布局时，就应该特别注意一些关键性的观赏点如门洞口、纵横轴线相交处等的观赏效果。我们从这个方面分析紫禁城，发现在许多场合，都正符合这些规律，可见当时的确经过了精心的设计。例如，从午门门洞出口处观看太和门及左右二门，南北垂直距离约150米，恰与景物全宽相等。太和殿体量很大，加上左右两座门屋，全宽为180米，设计者加深了太和殿广场的深度；从太和门后檐柱处观看此全景的距离，也恰是180米。又如，太和门广场东、西尽头各有一座门屋通向紫禁城的东、西二门，形成广场的横轴，与纵轴的交点在五座金水桥中桥北端，距太和门约75米，十分接近于太和门高度23.8米的三倍。太和殿广场的横轴是东西二阁中点的连线，纵横二轴的交点距太和殿中心约115米，也接近太和殿连同台基高度35.05米的三倍。设计时无疑周到地考虑过这些关键部位的视觉效果（图03-13）。

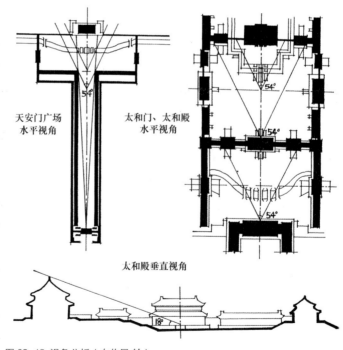

图03-13 视角分析（白佐民 绘）

色彩的大布局、彩画和装饰的运用，都对于紫禁城起了很大作用（图 03-14、15）。

北京宫殿建筑艺术在世界上享有崇高的声誉，英国学者李约瑟在他的名著《中国的科学与文明》中谈到北京宫殿时说："我们发觉了一系列区分起来的空间，其间又是互相贯通的。……与文艺复兴（应称古典主义）式的（西方）宫殿正好相反，例如凡尔赛宫。在那里，开放的视点是完全集中在一座单独的建筑物上，宫殿作为另外一种物品与城市分隔开来。而中国的观念是十分深远和极为复杂的，因为在一个构图中有数以百计的建筑物，而宫殿本身只不过是整个城市连同它的城墙街道等更大的有机体的一个部分而已。……中国的观念同时也显出极为微妙和千变万化，它注入了一种融汇了的趣味。"他认为中国的伟大建筑的整

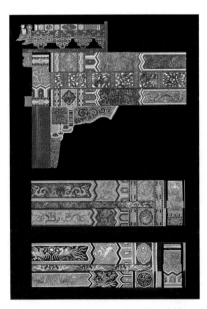 

图 03-14 金龙和玺与凤和玺小样（边精一 绘）　图 03-15 旋子彩画小样（选自《中国古代建筑技术史》）

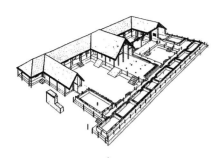

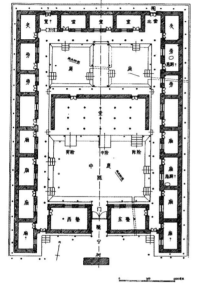

图 03-16 岐山凤雏先周宫殿（宗庙）复原
（傅熹年 复原并绘）

体形式，已经成为"任何文化未能超越的有机的图案"。李约瑟就北京和北京宫殿所作的论断，证明了他对中国建筑艺术的深刻理解，更证明了中国建筑艺术的感人力量。一件艺术作品，其思想的深刻性往往与它在组织结构上的复杂性成正比，人们从对于这件作品复杂性"领悟"的过程本身，就能感受到它巨大的思想涵括力，北京宫殿完全有资格被列为具有世界意义的经典艺术巨作。

紫禁城其实不是明代创造的，从夏代（公元前 21 世纪始）到明初，它的成熟经历了一个长达三千多年的时间。

比如说，陕西岐山凤雏村发现的一组"有可能在武王灭商以前"（时属晚商）的先周宫殿（或宗庙）遗址，是一座很完整的两进四合院，已相当成熟。（图 03-16）。

宫殿居中，"左祖右社"的布局已记录在春秋时代的著作《考工记》中，是对西周洛邑王城及其宫殿的追记。周代的宫殿，沿中轴线由诸多称为"门"的门屋和诸多称为"朝"的广场及其殿堂顺序相连组成的，它们依中轴线作纵深构图，在不同区段创造出不同的氛围，有机组合，达到预定的空间艺术效果。它不但对以后各代宫殿，而且对于佛寺、坛庙、衙署和住宅等等的布局，都有着影响。

从唐大明宫含元殿（634年）的复原图，可见其伟丽宏壮，实可为天下冠（图03-17）。

此外，北京紫禁城串连的三座宫前广场，其布局也是从北宋汴梁宫殿开始经历代发展而来的。

紫禁城对朝鲜和越南的宫殿有直接的影响，对日本宫殿也起着示范作用。但这些宫殿的规模按照中国的尺度，只相当于王府（图03-18、19、20、21）。

图03-17 唐长安大明宫含元殿（选自《人类文明史图鉴》）

图03-18 韩国从景福宫宫门望兴礼门（萧默 摄）

图 03-19 韩国景福宫勤政殿（萧默 摄）

图 03-20 韩国昌德宫仁政殿（萧默 摄）

图 03-21 越南顺化紫禁城午门背面（选自《中国建筑艺术史》)

天坛

　　讲到建筑的外部空间，不能不提到天坛。对天的祭祀，是一种原始崇拜，在中国开始得很早，从夏商起，就有所谓"明堂"、"世室"、"重屋"、"辟雍"之称，都与祭祀天帝有关。唐长安南郊出土了当时的天坛遗址（图03-22）。

　　北京天坛是世界级艺术珍品，始建于明永乐十八年（1429），曾经改建，其艺术主题为赞颂至高无上的"天"，全部艺术手法都是为了渲染天的肃穆崇高，取得了非常卓越的成就。

　　天坛是明清两代皇帝祭天的场所。范围很大，东西1700米，南北1600米，有两圈围墙，南面方角，北面圆角，象征天圆地方。由正门（西门）东行，在内墙门内南有斋宫，供皇帝祭天前住宿并斋戒沐浴。再东是由主体建筑形成为南北纵轴线。圜丘在南，三层石砌圆台。圜丘北圆院内有圆殿皇穹宇，存放"昊天上帝"神牌，殿内的藻井非常精美。再北通过称做丹陛桥的大道，以祈年殿结束（图03-23）。

图03-22 隋唐长安天坛遗址（选自《巍巍帝都——北京历代建筑》）

天坛的外部空间处理以突出"天"的主题，建筑密度很小，覆盖大片青松翠柏，涛声盈耳，青翠满眼，造成强烈的肃穆崇高的氛围。内墙不在外墙所围面积正中而向东偏移，建筑群纵轴线又从内墙所围范围的中线继续向东偏移，共东移约200米，加长了从西门（正门）进来的距离。人们在长长的行进过程中，似乎感到离人寰尘世愈来愈远，距神祇越来越近了。空间转化为时间，感情可得以充分深化。圜丘晶莹洁白，衬托出"天"的圣洁空灵。它的两重围墙只有1米多高，对比出圆台的高大，也不致遮挡人立台上四望的视线，境界更加辽阔。围墙以深重的色彩对比出石台的白，墙上的白石棂星门则以其白与石台呼应，并有助于打破长墙的单调。长达400米，宽30米的丹陛桥和祈年殿

图 03-23 天坛建筑群

图 03-24 祈年殿（萧默 摄）

院落也高出在周围地面以上，同样也有这种效果。

祈年殿圆形，直径约 24 米，三重檐攒尖顶覆青色琉璃瓦，下有高 6 米的三层白石圆台，连台总高 38 米。青色屋顶与天空色调相近，圆顶攒尖，似已融入蓝天。所有这些，都在于要造成人天相亲相近的意象（图 2-24）。

天坛又广泛使用象征和隐喻手法以渲染主题，如多用圆形平面，采用与农业有关的历数，以象征四季、十二月和二十四节气。

民居

中国建筑如果按群体布局的方式来说，其实相应性极大，凡宫殿、佛寺、民居等都采用了院落式的组合方法。

中国的汉族民居主要是两种，即院落民居和天井民居。

北方院落民居以北京四合院水平最高，亲切宁静，有浓厚的生活气息，庭院方阔，尺度合宜，是中国传统民居的优秀代表。它所显现的向心凝聚的气氛，也是中国大多数民居性格的表现。院落的对外封闭，对内开敞的格局，可以说是两种矛盾心理明智的融合：一方面，自给自足的封建家庭需要保持与外部世界的某种隔绝，以避免自然和社会的不测，常保生活的宁静与私密；另一方面，根源于农业生产方式的一种深刻心态，又使得中国人特别乐于亲近自然，愿意在家中时时看到天、地、花草和树木。

北京四合院多有外、内二院。外院横长，宅门不设在中轴线上而开在前左角，有利于保持民居的私秘性和增加空间的变化。进入大门迎面有砖影壁一座，由此西转进入外院。在外院有客房，男仆房、厨房和厕所。由外院向北通过一座华丽的垂花门进入方阔的内院，是全宅主院。北面正房称堂，最大，供奉"天地君亲师"牌位，举行家庭礼仪，接待尊贵宾客。正房左右接出耳房，居住家庭长辈。耳房前有小小角院，十分安静，也常用作书房。主院两侧各有厢房，是后辈居室。正房、厢房朝向院子都有前廊，用"抄手游廊"把垂花门和三座房屋的前廊连接起来，廊边常设坐凳栏干，可以沿廊走通，或在廊内坐赏院中花树。正房以后有时有一长排"后照房"，或作居室，或为杂屋（图03-25）。

南方院落民居多由一个或更多院落合成，各地有不同式样，如浙江东阳及其附近地区的"十三间头"民居，通常由正房三间和左右厢房各五间楼房组成三合院。上覆两坡屋顶，两端高出"马头山墙"。院前墙正中开门，左右廊通向院外也各有门。此种布局非常规整，简单而明确，院落宽大开朗，给人以舒展大度堂堂正正之感（图03-26）。

图 03-25 北京四合院（模型）（萧岚 摄）

图 03-26 南方三合院民居：浙江东阳叶宅（选自《浙江民居》）

　　南方大型院落民居典型的布局多分为左中右三路，以中路为主。中路由多进院落组成，左右隔纵院为朝向中路的纵向条屋，对称谨严。在宅内各小庭院中堆石种花。庭院深深，细雨霏霏，花影扶疏，清风飘香，格调甚为高雅。浙江东阳邵宅是其比较典型的代表，有时，大型民居也可改为祠堂（图 03-27、28）。

　　南方盛行的天井民居中的"天井"其实也是院落，只是较小。南方炎热多雨而潮湿，在山地丘陵地区，人稠地窄，民居布局重视防晒通风，也注意防火，布局紧凑，密集而多楼房，所以一般中下阶层家庭多用天井民居。天井四面或左右后三面围以楼房，阳光射入较少；狭高的天井也起着拔风的作用；正房即堂屋朝向天井，完全开敞，可见天日；各屋都向天井排水，风水学称之为"四水归堂"，有财不外流的寓意。外围常耸起马头山墙，利于防止火势蔓延。马头山墙都高出于屋顶，轮廓作阶梯状，变化丰富，墙面

图 03-27 南方大型院落式民居：浙江东阳邵宅（萧默 摄）

图 03-28 湖南衡阳萧氏祠堂（萧默 绘）

白灰粉刷，墙头覆以青瓦两坡墙檐，白墙青瓦，明朗而雅素。没有过多装饰，只在重点部位如大门处作一些处理（图03-29）。

　　总之，如果人们把外部空间的创作纳入欣赏的视角，将大大有助于中国建筑美的发现。

图 03-29 安徽黟县宏村月沼（萧默 摄）

四 >> 　　成就相对有限的
　　　　西方和伊斯兰建筑外部空间

　　从前两章，我们惊异地发现，原来"建筑"并不只是一座座"房子"（它们的外在形体和由围合结构包围的内部空间），欣赏建筑除了建筑单体以外，重要的还有单体围合的一个个性格氛围不同的外部空间。有趣的是，西方和伊斯兰建筑在创造巨大而丰富的形体和内部空间方面，明显占据优势；而中国建筑却在创造外部空间方面，占领了世界的制高点。

　　但后一句话说得似乎还有点过早，因为我们还没有欣赏过西方和伊斯兰建筑外部空间的状况。下面我们就将介绍这些，我们将发现，上帝毕竟是公平的，优势总是与劣势共生，就外部空间的创造来说，与中国建筑相比，别的国家的建筑确实显得相当贫乏了。

西方建筑的外部空间

　　让我们先来领略西方历史上几座著名的建筑群。

　　雅典卫城（公元前 5 世纪中叶）是西方第一个值得提出的建筑组群。

　　"卫城"就是在城中的一片高地上建造的小城堡，早在早于希腊文化的爱琴克里特和迈锡尼已有出现，体现的是君王及其家族凌驾于平民之上的威权，平民对它只有敬畏，没有亲切可言。卫城的形象封闭而森严。而在实行民主政体的雅典，卫城不是一个令人恐惧的地方，而是一个公共场所。这里建有全民共享的神庙，逢到祭神的节日，更可以在其中举行各种活动，包括舞蹈、演奏和诵诗，发表政见，辩证学术，高谈阔论。建筑都沿卫城外沿布置，突现在雅典全城中心，整体形象生动活泼而富于变化。其单体建筑都经过极其精心的设计，尤其是被称为"不可逾越的典范"、造型极尽完美的帕特农神庙。但就其外部空间的创造而言，卫城与这个赞词相差得实在太远了。

卫城东西长，呈椭圆形。山门在西，门东广场上高高地立着雅典娜巨型雕像。雕像南为体量颇大的帕特农神庙，北为小而性格轻松的伊瑞克先神庙。除了山门两翼的美术陈列厅和敞廊形成凹字形平面，加强了入口的气势外，外部空间几乎就乏善可陈。几座建筑之间，很难找得出它们的有机关系，可以说是杂乱无章，不成体统（图04-01）。

15 世纪中期，始建于 12 世纪的莫斯科成为统一俄罗斯的首都。克里姆林宫在莫斯科城中心，南濒莫斯科河，

图 04-01 雅典卫城复原貌（选自《世界建筑经典图鉴》）

为不等边三角形，占地 28 公顷，三面围着厚厚的红色宫墙和护城河，拥有大小塔楼 20 座。建筑群中的单体造型不乏富有特色者，如与宫紧邻的华西里教堂、宫墙面临红场的斯巴斯基钟塔、宫内高达 80 米的伊凡钟塔、乌斯平斯基教堂等多座东正教教堂，都是俄国的重要建筑。但就整个建筑群来说，由各建筑单体围合而成的建筑外部空间，也是杂乱无章的。各建筑建造于不同的时代，事先并未进行整体规划，中国建筑群中特别注重的抑扬顿挫、起承转合、呼应协调，在这里完全谈不上（图 04-02、03、04）。

从哥特建筑到文艺复兴，西方人仍很不重视外部空间的创造，著名的建筑如哥特时期的巴黎圣母院、科隆大教堂，文艺复兴佛罗伦萨圣玛丽亚大教堂等，建筑以外的空间都十分局促，甚至可以说是挤在城市的缝隙中。

总之，在很长一段时间，西方人看待建筑只限于单体，根本就没有想过在

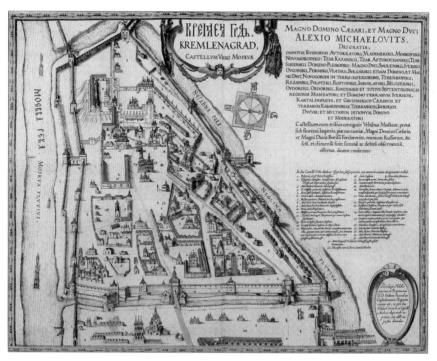

图 04-02　17 世纪的克里姆林宫地图（右北）（选自《西方建筑名作》）

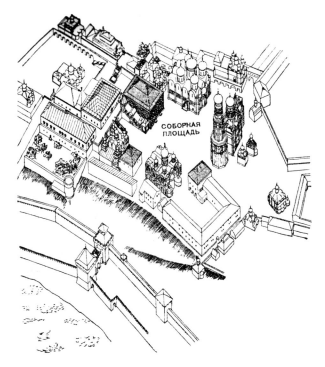

图 04-03 克里姆林宫内教堂群（选自《外国建筑史参考图集》）

图 04-04 莫斯科红场（油画，1801 年）（选自《俄罗斯艺术》）

建筑创作的过程中还存在创造外部空间的问题。

也许，文艺复兴盛期的罗马圣彼得教堂是提醒西方人应该重视外部空间的契机。圣彼得大教堂（1506 ~ 1626 年）建造历时 120 年，是几代天才巨匠的光辉结晶，其中包括被称为"巨人"的米开朗基罗。教堂的建造充满了戏剧性，从最初四臂等长的希腊十字集中式平面，到前方加了一座长长的大厅致使希腊十字改成拉丁十字；到后来几经反复，米开朗基罗重振时代雄风，去掉大厅，仍恢复为集中式，把穹顶修改得更加雄伟；以后又有其他建筑师加入，终于建成。然而在 17 世纪初宗教复辟潮流中，它的前面最终还是加上了一个大厅，目的是可以容纳更多信徒并以它来作为穹顶下圣坛的前导，加强圣坛的神圣感，渲染出更多的宗教意识。现在看到的就是这个被损害了的形象。圣彼得教堂这么改来改去，也是几代教皇主导思想不同的反映：有的要求强调其作为不朽纪念碑的纪念性，有的则要求突出其宗教的神圣性。可惜的是，大穹顶被大厅严重地遮挡了，人们稍稍走近一点，穹顶就不能完整显现，极大损害了形象的完整性（图 04-05）。

图 04-05 穹窿顶被严重遮挡的圣彼得教堂正面近景

正是因为这个原因，忽视外部空间的失误才被发现，17世纪中叶，贝尼尼在教堂前加建了一个由柱廊围合的广场。为了使穹顶能够尽量完整地显现，广场尽量向纵向拉长，以延长观众从远而近走向教堂的时间。整个广场由纵向梯形与横向椭圆形的两座广场合成，地面从教堂起逐渐向外降低，在广场内精心布置了方尖碑和喷泉，其空间的开阔令人惊叹。全部广场以柱廊围绕，规模宏大，与教堂非常相称。德国伟大诗人歌德十分赞赏它，他说，在圣彼得教堂广场的柱廊里散步，就好像是在聆听一首美妙的乐曲（图04-06）。

图04-06 圣彼得大教堂广场

这以后，西方人才比较重视了建筑外部空间的创造，但多半也只是在像宫殿这样的大型建筑群中，如卢浮宫的改建。

卢浮宫在巴黎市中心塞纳河北岸，始建于 1543 年，1665 年大规模改建。全宫坐东面西呈长形向西围合。最先建成的在东侧，是一座在原有小城堡的基础上建成的较大方院，再在其西的南、北两侧各接出三座大小不同的小院，最后向西沿南北缘接出长楼，形成凹字形而略向外张的广场，全部建筑完成时已到 19 世纪末。凹字形广场以后称为拿破仑广场（图 04-07）。

全宫都是三层，双坡顶，只在各楼中部、转角处或尽端局部突出为四层，上覆高高的四棱台形的顶或颇具法国特色的方形台状穹顶。立面造型也显示出巴洛克和民间建筑的一些影响，有点琐碎，不那么气派（图 04-08）。

卢浮宫不再是一座独立的建筑，它采取了建筑群的组合，各建筑组成大小方院和西边的凹形院，建筑以其外部

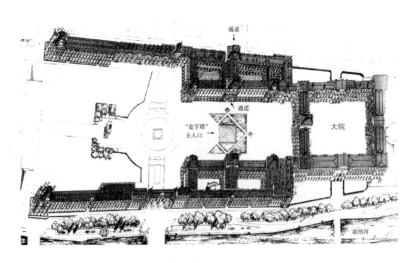

图 04-07 巴黎卢浮宫总平面（卢浮宫导游图）

图 04-08 卢浮宫拿破仑广场南翼（选自《西方建筑名作》）

图 04-09 巴黎雄狮凯旋门

空间融入于城市之中，表现出建筑师们自觉意识到了建筑外部空间的创造。

　　稍后，在卢浮宫凹形广场之西建有卡罗塞凯旋门，门西为图伊勒里宫（1871年巴黎公社时被毁）。沿卢浮宫的中轴线，又兴建了协和广场，再西，拿破仑时建造了雄狮凯旋门，卢浮宫中轴线成了城市轴线的一部分，进一步把卢浮宫与城市联系起来（图04-09）。

　　协和广场位于卢浮宫往西称为爱丽舍大道的大街上（1755～1763年），矩形，南北长，四面没有建筑，只有壕沟，沟北才有建筑。广场中央原来高高耸立着一座路易十五的骑马像，南北各一座喷泉，以此形成的南北轴线北通王家大道，可以抵达一座当时正在建造的希腊式的马德兰教堂，南接跨越塞纳河的大桥。法国大革命时，铜像换成了拿破仑从埃及卢克索运回来的方尖碑。广场四周放置了八座雕像，分别象征八座在法国历史上起过重要作用的城市；又把大革命时被攻陷的巴士底狱拆掉，拆下的石头铺在广场和桥上，供万人践踏。

　　巴黎的城市轴线体现了人们对建筑外部空间的创造已开始自觉，但比起中国如北京宫殿通过外部空间与北京城融为一体（以后我们会专门谈到），这仍是非常初步的，在其间各个要件之间，看不出例如在体形、体量、体态上或功能、气氛等之上的有机性、逻辑性，而带有明显的偶然性，并没有通过事先有意识的规划，使外部空间成为建筑艺术的一个重要组成。

　　巴黎凡尔赛宫（1667年始建）在巴黎西郊20余公里处，是在路易十三的一座猎宫基础上、经路易十四扩建而成的宫殿。全宫砖建，平面凹字形，坐西面东，对着巴黎。改建时保留原有建筑不动，墙面贴上石头，在其南、西、北也就是各建筑的背面贴上一周石头建造的房间，并延长南北两翼，使全宫南北全长达到400多米。同时加大了向东的凹形广场的进深，从广场向东伸出三条放射形大道，分别通向市区和两座离宫。中央大道与凡尔赛宫（包括宫后的大花园）的中轴线重合。

　　这座建筑规模宏大，平面很长，仅中部凹凸有致，建造时间也较早，但就其外部空间而言，与中国建筑比较，水平仍然相当有限，不过是轴线向东通向城市，向西连接大花园而已（图04-10）。

　　宫殿在法国大兴，很大程度上取代了教堂的地位，标志着君权主义已逐渐取代了神权主义的文化潮流。路易十四宣称"朕即国家"。他的谋臣向他上书说，"如陛下所知，除赫赫武功外，唯建筑最足表现君王之伟大与气概"，宫殿成了

图 04-10 凡尔赛宫近景（萧默 摄）

法国建筑的主流，为几千年来一直以宗教建筑为主流的西方建筑史，添加了一段风姿绰约的插曲。

凡尔赛宫的大花园向西伸展达3000米，规模很大，其风格可以说是西方园林的代表，我们将在后面论述园林的章节时再重点介绍它。

凡尔赛宫对欧洲各国的宫殿有很大影响，如荷兰黑得·罗宫、维也纳美泉宫、维也纳舍恩布龙宫、德国曼海姆宫、斯图加特和乌尔兹堡的宫殿，以及俄国圣彼得堡的夏宫、冬宫、叶卡捷琳娜宫等。这些宫殿与凡尔赛宫同样，都有一些长楼，有一点内外凹凸，前面是广场，后面是大花园，没有更多的外部空间可言（图04-11、12、13、14）。

以后，美国华盛顿、澳大利亚堪培拉的规划和建筑，也有凡尔赛宫的影子。

1776年美国独立，为表现国家独立、民主、自由和光荣，同时，美国人也需要借用欧洲的古典形式来弥补自身文化的先天不足，因而借用了古典复兴。当时的美国人与法国人之间还没有多少恩恩怨怨，甚至在美国独立战争中，

图 04-11 荷兰黑得·罗宫（选自《世界名园百图》）

图 04-12 奥地利维也纳美泉宫

图 04-13 维也纳舍恩布龙宫

图 04-14 英国白金汉宫（选自《建筑的故事》）

法国人一直是支持美国的，还送给美国一尊自由女神巨像。加以要树立国家的光荣形象，罗马复兴似乎更加适合，于是美国的古典复兴主要是罗马复兴，也有希腊复兴。美国国会大厦就是罗马复兴的范例。

国会大厦选址于首都华盛顿市中心一块被称为"国会山"的略略高起的坡地，纵轴线取东西方向。1792年初建造的国会大厦为文艺复兴式，中部圆殿上覆以罗马万神庙式的穹顶，凸起不够高，规模不够大，正面平直，形貌较为冰冷、沉闷。1812年在美英之战中它又遭到破坏，19世纪中叶重建。重建后的国会大厦扩大了规模，保留了原来的圆殿，穹顶模仿法国古典主义时期的巴黎万神庙，并将鼓座改为重叠两层，下层是列柱围廊，上层缩小减低并使用壁柱，托起饱满的穹顶，高高耸立，形成了整个建筑的构图中心。穹顶内径 30 米，加上两层鼓座和采光亭共高 65 米，整座建筑约高百米，非常雄伟。穹顶以下以增建的一些厅室和门廊把穹顶接应到地面，使整个穹顶的造型极为完整稳定。众议院和参议院分在中央大圆厅左右。同时，在原国会大厦的基础上增建了大厦两翼，向前后突出，安排办公用房，立面变成五段，更衬托出了穹顶的地位。加长了的建筑立面需要更多的凹凸进退变化，分成五段是合适的。（图 04-15、16、17）。

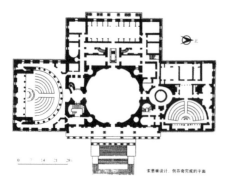

图 04-15 华盛顿老国会大厦（选自《西方建筑名作》）

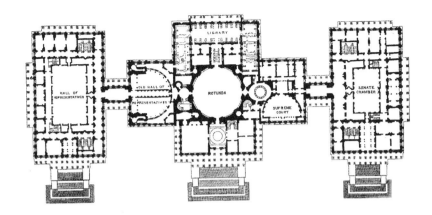

图 04-16 重建的美国国会大厦平面（选自《世界建筑经典图鉴》）

图 04-17 美国国会大厦大穹顶的立面和剖面（选自《世界建筑经典图鉴》）

从国会大厦往西，有一条著名的长度超过 3 公里的林荫大道，华盛顿纪念碑（1880 年）耸立在大道中段，高达 169 米，取方尖碑的形状，全部用白色大理石砌成，可以乘电梯登上顶端眺望。全华盛顿的建筑被规定不能超过这座碑。（图 04-18、19）。

再往西大道变成水面，尽端有林肯纪念堂（1922 年），建造时欧洲已产生并风行了现代主义建筑，但为适应纪念堂的性格要求，仍采用了希腊复兴风格，只是以矩形的长向为正面，很适合于作为体形竖高的华盛顿纪念碑的背景并与其对比。平顶，没有山花，简洁平易，特具纪念性；庄严肃穆如同神殿，又象征了美国崇尚的平等精神。堂内除一尊高 5.8 米的林肯坐像外，就别无它物了（图 04-20）。

图 04-18 美国国会大厦西向鸟瞰（选自《西方建筑名作》）

图 04-19 华盛顿纪念碑

图 04-20 林肯纪念堂（选自《世界不朽建筑大图典》）

在华盛顿纪念碑和国会大厦之间，林荫大道两旁，全是各种博物馆，北面还有总统府"白宫"。华盛顿纪念碑之南，隔水为杰弗逊纪念堂。其他首脑机关也都在这一区域附近，形成全美最重要的建筑组群。

林肯纪念堂和杰弗逊纪念堂虽然都建于20世纪，但作为组群中的单体，与组群取得了有机的组合。

总之似乎只有白宫建筑群才拥有堪与中国建筑外部空间创造成就比肩的资格。

伊斯兰建筑的外部空间

伊斯兰教由阿拉伯人穆罕默德创建于公元630年，穆罕默德胜利后，随着伊斯兰教的传播，伊斯兰建筑逐渐形成体系。

伊斯兰建筑与中国建筑其实有一个很大的共同点，它们都采用院落式的群体组合。伊斯兰的院落可能与伊斯兰地区尤其是它早期分布的地区——北非、中东、近东气候相当严酷有关。戈壁、沙漠、烈日、热风，使得人们必须把自己和自然分隔开来，尤其是，这里的水特别珍贵，礼拜寺院内都有中央水池，也必须用围墙保护，总之，主要是出于使用功能方面的考虑。中国的院落则除了与大自然有适当的区隔以外，可能更多与区别尊卑等级和内外之别等宗法制度有关，这就与社会人文的因素紧密相关了。

一有了院落，便有了外部空间的课题。

说来有点奇怪，第一座可以说是开创了以后形制的礼拜寺却是由某座基督教教堂改建而成的。叙利亚大马士革圣约翰教堂已建成几十年，伊斯兰教徒来到以后，教堂为基督教徒和穆斯林共用，但到了706年，哈里发决定将其改为穆斯林专用的礼拜寺。礼拜寺保留了原教堂的大部分，但原教堂以向西的短边立面为正立面，圣坛设在东端，改为礼拜寺时，为使礼拜时面朝位于大马士革南面的圣城麦加，礼拜殿就被横向使用，另在其北边建造了窄长的庭院。庭院三面围廊，中有大理石水池，轴线改为南北方向。教徒由北院从大厅的长向中央进入，面向南面的圣龛礼拜。圣龛前，轴线上加建了拜占庭式的穹顶，并先后在院落北墙正中和南墙转角建成三座宣礼塔。以后这座礼拜寺成为经典，不过都把原放在庭院长边的大寺改为放在短边了，也就是说，院落更大了，可以容纳更多的信徒（图04-21、22）。

图 04-21 大马士革礼拜寺（由北向南望）（选自《世界文化与自然遗产》）

图 04-22 大马士革礼拜寺内院（选自《世界不朽建筑大图典》）

马尔维亚大寺（836年）在伊拉克萨玛拉城（也在麦加的北面），即按大马士革礼拜寺确立的形制改变了院落方向建造，纵长方院南北长260米，东西宽160米，四周围绕开敞的殿堂。东、西殿堂进深4间，北面进深3间，南面是礼拜殿，进深9间。富于戏剧性的形象是位于寺北正对大门的巨大螺旋形宣礼塔（图04-23）。

图04-23 伊拉克马尔维亚大塔

图 04-24 伊本·土伦礼拜寺（选自《世界不朽建筑大图典》）

埃及开罗的伊本·土伦礼拜寺（871年）是埃及现存
最早的礼拜寺，与马尔维亚大寺的布局几乎一样，只是院
子中央建有下方上八角最后转为圆形的泉亭，打破了全寺
过于忧郁单调的气氛。内院见方90米，由进深两间的尖拱
柱廊环绕。南面的大殿进深五间。（图04-24）。

伊斯法罕的主日礼拜寺（1088年）是正宗伊斯兰建筑
伊朗风格的代表，它与巴格达阿拔斯王朝宫殿（1179年）、
巴格达经学院（1233年）等著名建筑都是一些大院。院落
围绕着高两层的尖拱廊，在由纵带和横带构成的大小框档
内安排尖拱券、尖拱龛，墙面上有密密麻麻的浮雕，拱内
有钟乳状饰，造成了一种肃穆、庄重、细腻而似乎略带忧
郁的氛围（图04-25、26、27）。值得注意的是大院入口
或每边建造所谓"伊旺"式门楼，即方墙中央开大拱门，

图 04-25 伊斯法罕主日礼拜寺礼拜大殿入口
（选自《伊斯兰艺术》）

图 04-26 巴格达阿拔斯王宫（选自《伊斯兰艺术》）

图 04-27 巴格达经学院（选自《世界不朽建筑大图典》）

建筑的意境　　104

两旁各以一座塔形建筑结束的构图方式，约起源于公元前 3 世纪，是由波斯东北的帕提亚人创造的，本与伊斯兰无关，却成了伊斯兰建筑伊朗风格的一个重要特征。撒玛尔干比比－哈努姆礼拜寺（1399～1404 年）（图 04-28）以及现藏伊斯坦布尔老皇宫的一座建筑模型（反映的是约建于 14 世纪赛尔柱人进入小亚以后建造的一座礼拜寺（图 04-29），也都是这种围院。

总的来说，伊斯兰建筑群的外部空间仍是相当简单初级的，多数只是一座方院。

印度阿格拉泰姬·玛哈尔陵是必须重点提到的建筑，其成就除了建筑形体，也包括外部空间的有机构成。陵在朱木拿河南岸，坐北向南。陵园长方形，东西 290 米，南北 580 米。由前而后，分为一个较小的横长方形花园和一个很大的正方形花园，都取中轴对称的布局。方院里的花园是典型的伊斯兰园林，有十字形水渠，在水渠交点有方形水池，池中设喷泉，其他地面是方格网小路、大片草坪和低树。陵墓的主体建筑陵堂在纵轴线尽端，下有 96 米见方、高 5.5 米的白大理石基台，四角耸起细高的圆柱形宣礼塔，高 40 米，塔上有穹顶小亭。陵堂平面方形抹角，依方形计，边长 58 米。四向立面完全一样：中心一个尖拱

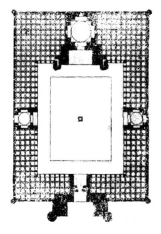

图 04-28 撒玛尔干比比－哈努姆
礼拜寺平面（选自《外国建筑史》）

图 04-29 伊斯坦布尔老皇宫藏礼拜寺模型

大龛，左右和抹角是上下两层尖拱龛。室顶覆内穹窿，上面再耸起轮廓极其饱满优美的鳞茎形外穹窿，其穹顶至台基面高 65 米。陵堂与四座高塔，在材质、色彩和处理手法上取得呼应，在体量上形成对比，造型则既有呼应也有对比，形成有变化的统一，非常协调。

陵堂的造型和全陵的外部空间运用了简单比例的构图方法，追求精确的几何构成之美。如前院的平面是横向组合的两个正方形；主院的花园为正方形，其由水渠划分的田字格也是正方形，并与前院的两个正方形大小相同，也即主院面积正好是前院的两倍；陵堂台座的平面也是正方形，其宽度恰好等于陵园全宽的三分之一；陵堂每面两座高塔连同台座围成的图形接近于两个正方形；陵堂正中带大拱龛的的门墙之高，约等于整个抹角方形的陵堂宽的一半；门墙两边体量的高度约等于不带斜角的陵堂宽的一半等。这些 1：1 或 2：1、3：1 的简单比例，使全群具有了一种高度明确的有机性。尤其是，由中央大穹顶至台座底部四角的连线组成的虚四棱锥体，非常接近于底边和每棱边长都相等的金字塔式正四棱锥体。还有，陵堂门洞的高度（算到上框下皮）恰是其宽度的一倍半等。这个比例在同时期其他建筑的门洞和窗洞中也十分常见，如阿克巴陵的大门（图 04-30）。

从古希腊时代起美学家们就认识到，最简单最肯定的、人们最容易明确识别的形状和体形如正方形、正三角形、圆形及球体、正立方体、正三棱锥体、正四棱锥体等，给人的印象最为稳定，最深刻，也最具纪念性。古埃及最大的库夫金字塔也是这样：平面正方，边长约 230 米，高146 米，四个斜面接近正三角形，整体形象接近正四棱锥体，也是一些最简单而稳定的形状和体型。

泰姬陵的外部空间设计也注意了良好的观赏视角（图4-31、32、33），如从二门观看陵堂包括左右两座建筑的

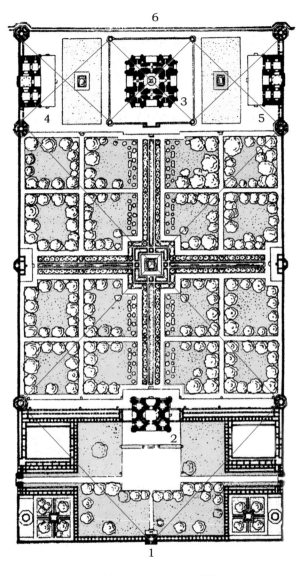

1 南门　　2 二门　　3 陵堂
4 清真寺　5 接待厅 6 朱木拿河

图 04-30 阿格拉泰姬·玛哈尔陵总平面

图 04-31 泰姬·玛哈尔陵二门

图 04-32 泰姬·玛哈尔陵陵堂（选自《INDIA》）

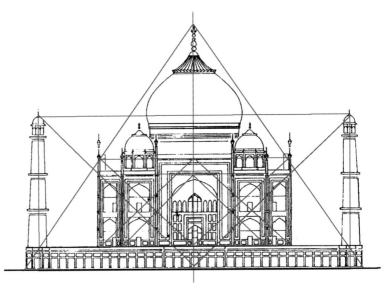

图 04-33 泰姬·玛哈尔陵陵堂立面分析（萧默 绘）

总视宽（290 米），与从二门到陵堂立面前沿的距离（290
米）相等，这时的水平视角为 54°，是一个理想的观赏状
态。从陵园中心附近观赏陵堂本身，也有这样的效果。同时，
其视高（即陵堂高度）为 70.5 米，与人至陵堂中点的视距（约
200 米）之比十分接近于 1/3，这时的垂直视角约为 18°，
是观赏陵堂的最佳垂直角度。从陵园回望二门，也有相类
的视角考虑。此外，在视觉设计中也考虑了框景效果，如
从二门，或从陵堂左右建筑的门洞观看陵堂，都是一些十
分动人的画面。

　　据说在月圆之夜，一切细节都隐没了，只有那沐浴在
月色之下的整体朦胧，"池中玉影临妆镜，月下琼姿立素秋"，
是泰姬陵最美的时刻。

　　印度最大的德里贾米大寺（1644 年）在一座高地上，

正门向东,寺内方形广场每边约达 110 米,正中有方形水池。礼拜殿在方院西面,上有三座穹顶,都是中部膨出的尖顶穹窿。其他三面都是空廊(图 04-34)。

　　伊斯兰礼拜寺的外部空间与中国的丰富创造相比,显然是简单得多了。伊斯兰地区的宫殿更不足论。起源于游牧的民族本就没有自己多少建筑传统,当遇到像建造宫殿这类课题时,便不免手足无措起来。

　　奥斯曼帝国伊斯坦布尔托普卡帕皇宫(1466 年),从前(南)至后(北)有三座院落。第一院最大,只是一块草地,供各地王公来朝时搭建帐篷之用;第二院较小,草地上是行人践踏形成的几条斜路;第三院最小,院门称拉合尔殿,苏丹经常在这里举行觐见礼。门内是内宫,又隔为三个更小的院子。各大小院子风格各异,各不搭界,完全没有章法(图 04-35、36)。

图 04-34 德里的贾米大寺

图 04-35 伊斯坦布尔老皇宫模型

图 04-36 苏丹在拉尔大门行登基大典（选自《伊斯坦布尔》）

五 >> "虽由人作，宛自天开"
——中国园林

园林从来就是建筑艺术的重要关注对象之一，它是运用山、水、植物等自然物，加上建筑，组成一个环境优美、景观丰富、供人们休憩的环境。中国园林是中国建筑对世界作出的又一重大而特殊的贡献。

其实，园林以及以下各章将要讨论的城市和环境，其艺术手段主要仍然是形体和外部空间，但由于它们在表现上与一般建筑不同，以及它们由于中西文化包括自然观或城市观念的不同所形成的特殊差异，有必要单独提出来认识。

中国园林概说

早在先秦时代，原始园林已经在中国出现，称"园""囿""圃"，具有种植和狩猎等生产意义，并有通神的功用。以后，游观的性质加强，大约到了周代，园林就主要只具有游观的作用了，这一直发展到明清。西方的园林观念起源也很早，圣经说人最早就是生活在伊甸园中的，还有传说中的巴比伦空中花园。现存西方园林遗迹，最早者在意大利古罗马帝国，约存在于公元 2 世纪。

世界园林主要有中国和西方两大体系，二者遥相呼应。从形式到文化内容，它们都有着根本性的区别，风格旨趣大相径庭。观察这些差异，可以获得很多文化信息。简言之，中国园林是自然式，取"有若自然"的自由式构图；欧洲园林是几何式，取几何规则式布局。

中国园林最初从汉代起即分为皇家园林和私家园林两大潮流。魏晋社会动乱，人生多忧，促使文人士大夫更多借托隐逸，转向自然，寄情林泉，对自然的体察当比帝王富民更多一层意趣，更加精微。《世说新语》记刘伶放达，裸形坐屋中，客有问之者，答曰："我以天地为栋宇，屋室为裈衣，诸君何为入我裈中？"这个回答，似觉诡辩无礼，但"以天地为栋宇"一语却正道出了中国人自然观的重要一面，即将自然拉近人心，自然与人相得，更少障碍。文人对自然的热爱，转化到文艺中，就是陶渊明、谢灵运的山水诗和山水画的出现，当然也对园林产生了影响，私家园林的性质已向士人园转化，其设计思想的主要成就即在于写意概念的建立。"有若"已不再着意于形似，而更侧重于神似，即重在对自然体察基础上的提炼、概括和典型化。

隋唐园林仍以皇家园林和私家园林为主。前者规模较大，建筑富贵华丽，显示皇家的气派；后者依园主地位或园林所在地点（城市或郊野）的不同而风格各异，更富高雅的诗意。唐代是私家园林大发展的时代，以艺术水平而论，私家园林尤其是文人雅士之园在某些方面似乎已凌驾于皇家园林之上了。

宋代私园的性质可注意者三，一曰士人，二曰诗意，三曰写意。

所谓士人园，是指明造园的目的在于满足文人的精神要求。中国文人不像权贵，耽沉于奢华，也不似市民，满足于耳目之娱，其心态实在是复杂矛盾得多，贯穿了儒家"达则兼济天下"和"穷则独善其身"两个方面。仕途得意，前者便成为主导；前程叵测，后者就成为寄托。更多则是二者兼具。其实比起魏晋时代，宋代文人的地位已有了很大提高，廓清了学而优则仕的道路；"终宋之世，文臣无欧刀之辟"，也并无动辄杀身之祸。然而文人们通过文人文化表现出的空漠孤寂仍然是那样深沉，反映了一种对整个人生的深刻厌倦和伤感，是文人心态更为本质的体现。所以士人园自然就被要求按士人的审美标准来实现，疏淡风雅，自然和畅，清高脱俗。

所谓诗意园，是指园林通过一种诗意化的方法来体现文人意趣。比如，唐代私园多以地名名园，宋园题署则大都是借景物而自抒胸臆，如归去来园、独乐园等。园中景点也多以松菊、舒啸、寄傲、倦飞、探春、赏幽、风月、秀野、洁华、啸风之类为名。沈括在梦溪园中，心目之所寓者，惟琴、棋、禅、墨、丹、茶、吟、谈、酒之类，谓之"九客"，显然是失意文人的生活情调。由此可以一瞥园主对于理想和诗意生活的追求。

中国传统自来讲究诗画一体，故分析诗意园，不可不谈到画意。五代北宋时，山水画已蔚为大观。以荆浩、李成、关仝、范宽、董源等为代表的山水画家，重在全景式大尺度地把握对象，表现了人们对自然的热爱。北宋末徽宗画院以诗题命画，要求画中体现出某种主观诗情。至南宋马远、夏圭，创作倾向由全景式的大构图转向"剩水残山"，诗情的表现更为突出。

具体到造园手法，则可以"写意"二字表之。

园中通常都有水面，环水疏布景点。"智者乐水"，宁静的水面，渺弥的气韵，清风徐来，水波不兴，能引起文人们"处江湖之远"的玄想。

宋园土山形势逶迤厚重，重在整体意境，而不像明清多用怪石叠山，偏重本身的形式。

园林在元代的相对沉寂以后，到明清进入总结阶段。从明中叶到清康乾时期，是中国园林的第三次发展高潮。

明清园林现存实例主要为清代园林，皇家园林在北京及其附近；私家园林多集中在江南，成就也最高。二者既体现了皇家和文人审美趣味的不同，也反映了地方风格的不同。

江南私家园林先以漕运据点扬州为中心，有"园林之盛，甲于天下"之称。道光以后因盐业衰落，织造和商业中心苏州后来居上，乃独擅"园林城市"之名。清晚期又出现"岭南园林"，有某些地方风格，但水平远在江南园林之下。

北方皇家园林在"康乾盛世"得到了大发展，在北京西北郊大建皇园，承德则有避暑山庄，是明至清第三次建筑高潮最后一批重要作品。这些园林除了体现皇园特有的宏大富贵以外，又大量吸收了江南高度发达的私家园林造园手法。

江南私家园林

私家园林仍沿续士人园的路子，并受到同时代文人画的影响，造园家以计成与张南垣最为知名。前者的《园冶》是中国最重要的园林艺术专著，其精髓可归结为两句话：即"虽由人作，宛自天开"和"巧于因借，精在体宜"。前一句道出了中国园林崇尚自然美的基本特性。书中所说"有真为假，做假成真"，意在以自然真山真水的构成法则来经营人工山水，使之具有真山真水的动人意趣。假并非虚假，系指人工所为，不是简单地模仿自然，而是一个艺术再现的过程。后一句强调造园的具体构成方法，"因者：随基势高下，体形之端正"，即园中的处理要以所在地形地貌之高下正敧为根据；"借者：园虽别内外，得景则无拘远近"，"俗则屏之，嘉则收之"，说明这一处理还要考虑它周围远近的环境。

江南私家园林有以下几个特点：1. 规模较小，曲折有致，主要构思是"小中见大"，即在有限的范围内运用含蓄、扬抑、曲折、暗示等手法来启动人的主观再创造，造成一种似乎深邃不尽的景境。2. 构成方法以水面为中心，四周散布建筑。3. 园主多具有较高文化修养，能诗会画，善于品评，自有一套士大夫的价值观和品鉴标准，追求清高风雅，淡素脱俗。

苏州网师园始建于乾隆，属中型园，但布局精妙，是苏州中小型园林之最佳胜者。园东邻园主住宅，二者之间有数处门道可通。

自园东南角小门入园，经短廊西接一轩，南、西两面都是小院，幽曲深闭；轩北以黄石叠成假山挡住北向视线；只有从轩西折廊迤北，通至轻灵小巧的濯缨水阁，才湖光潋滟，顿觉开朗。这也是欲扬先抑（图05-01）。

水池居中，面积甚小，但岸石低临，进退迂回，复于石下仿波浪冲蚀的意象向内缩进。临水建筑也尽量低近水面，在池的东南、西北二角伸出溪湾。这些处理，都开扩了景境。傍西墙北行，有廊渐高，登至"月到风来"亭，皓魄当空，清风徐来，弄皱一池春水，正是此亭的意境（图05-02）。亭北跨水湾，过折桥，体量较大的看松读画轩和轩东的集虚斋都北离水岸，隐在松柏之后，是为避免对水面造成压抑。斋南竹外一枝轩以廊向水，空巧通透。轩东端过附墙半亭"射鸭水阁"，与"月到风来亭"和"濯缨水阁"品字相望，组成沿池三角形观景点，互相得景成景。从园西部东望，射鸭水阁的歇山面和阁后住宅硬山山墙的关系

图 05-01 苏州网师园（杨鸿勋 绘）

图 05-02 网师园月到风来亭（萧默 摄）

处理极好：阁不能再向南移，以免两个屋顶山尖上下正对；也不能再向北去，使得两座建筑的屋顶北坡线相混；现在的位置恰到好处，只从山墙中线略略偏北，并不过分。水阁冲破了庞大山墙的板滞，阁南堆起一丛山石，石旁种植小树疏竹，山墙上开了两方假漏窗，漏窗上横列一条披檐，平衡了以山墙为背景的画面构图，进一步破除了整个宅院西墙的呆笨感（图05-03）。园西北有小门通西院，有书房。

图05-03 网师园射鸭水阁（萧默 摄）

此外，苏州的拙政园、沧浪亭、环秀山庄和留园，无锡的寄畅园，扬州的个园、寄啸山庄和公共园林瘦西湖，都是江南名园（图05-04）。

图 05-04 苏州拙政园与谁同坐轩（萧默 绘）

华北皇家园林

华北皇家园林以圆明园面积最大，但在 1860 年英法联军、1900 年八国联军两次侵略战争中受到严重的破坏，完全被毁。清漪园经重修，即今颐和园。此外，承德离宫避暑山庄面积也很大。

与私园相比，皇园的特点是：1. 规模都很大，以真山真水为造园要素，更加注意与原有地形地貌的配合。如避暑山庄，周围 40 公里，面积达 8000 多亩，园内有平原区、湖泊区和山峦区。山峦区占全园五分之四的面积，山高都在几十米以上（图05-05）。圆明园（图05-06）、颐和园也动辄 5000 余亩，比起只有十几二十亩的私家园林，显然

图 05-05 承德避暑山庄全景图（清代绘画）

图 05-06 圆明园鸟瞰图（选自《中国建筑艺术史》）

大得多了。尺度的差异也决定了皇园和私园造园手法的不同。2. 皇家园林的功能内容和活动规模,都比私家园林丰富和盛大得多。几乎都有宫殿区,用于听政,布置在园林入口处。供居住用的殿堂散布在园内。3. 皇园的艺术风格虽没有正式宫殿那样庄严隆重,但仍十分富丽华采,飞丹流金,与江南的白墙青瓦不同。北方建筑都较为凝重平实,与皇家气象恰可并行不悖。

不论皇园私园,这"自然"二字是二者共同遵行的基本原则。皇园更有意地向私园学习,园中许多局部或园中小园,甚至是对江南私家园林大意的模仿。

颐和园主体由北面的万寿山和山南的昆明湖组成。乾隆曾展拓湖面东部,使原来正对万寿山中部的东岸线退至山东麓部位,山和湖的关系结合得更加自然。展拓后的昆明湖呈北宽南窄的倒三角形,水面辽阔,约占全园四分之三。全园可分为宫殿区、前山前湖区、西湖区和后湖区四大景区,性格各有不同(图05-07)。

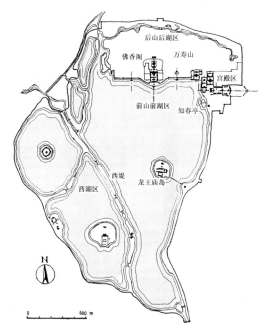

图 05-07 颐和园总平面图(萧默 绘)

主要园门东宫门在昆明湖东北角，正当湖山交接处。入园后先是宫殿区，仍取对称格局，但较之紫禁城的严肃气氛已轻松很多，正殿只是青瓦卷棚歇山顶，院内植树立石。

绕过仁寿殿趋近湖边，气氛才倏然一变。前泛平湖，目极远山，左侧知春亭隐映于岛上树石之间，右侧壮丽的佛香阁雄踞于万寿山前山之腹，视野十分辽阔，心情为之一振。玉泉山的塔影被借入园内，近处岸边的一排乔木又起了透景作用，增加了层次。这第一印象，就给人以戏剧性的强烈感受（图05-08）。

万寿山体形平实，在南山坡耸起体量高大的佛香阁，与阁北的琉璃殿众香界一起，打破了呆滞的山体轮廓。原拟在现佛香阁的位置建造一座塔，但进行到第八层，乾隆忽下令撤毁，改为四层八角楼阁，这在艺术上是一个高明的决定。体型瘦高的高塔必与平稳的山形对比过大，又与远处玉泉山体形类同的玉峰塔重复；改为体形宽厚的楼阁，

图05-08 从颐和园昆明湖东岸望佛香阁（选自《中国建筑》）

恰好可避免这一局面。楼阁体量较大，也足以成为全园构图中心，控制全局（图05-09）。

在万寿山南麓山脚与湖之间，与岸线平行，建造了东西长达700多米的长廊，把山麓的众多小建筑群都联系起来。长廊在靠近佛香阁组群轴线处向内弯转，岸线则向外凸出，形成了一个广场，立大牌坊，避免了长廊可能会出现的单调。

从佛香阁大台座南眺，可尽览湖区景色。正南偏东湖中有一大岛名龙王庙，是乾隆东扩湖面时特意留出的。岛上树木葱茏，楼亭隐现，是佛香阁的极好对景，互相得景。龙王庙岛东连十七孔桥，石砌，本身造型颇佳，但与岛相比体量嫌大。昆明湖北宽南窄，由佛香阁南望，远处变窄

图05-09 颐和园万寿山（楼庆西 摄）

了的湖面增加了透视感，使湖面显得比实际更为深远（图05-10）。

湖东，北部近岸有知春亭小岛，是侧望佛香阁的最好观景点（图05-11）。

颐和园前山前湖区性格开朗宏阔，真山真水，大笔触，大场面，大境界，建筑施以华丽彩画，佛香阁建筑群用黄琉璃瓦顶，风格浓丽富贵。

昆明湖西部仿杭州西湖筑西堤，为西湖区，风格疏淡，如村郊野外。堤西隔出水面二处，各有一岛，与龙王庙岛一起，构成一池三神山的传统皇苑布局。堤上有一些非常美丽的小桥（图05-12）。

万寿山北麓是后山后湖区，实为一串小湖，水面忽大忽小，相连而为弯曲河道，夹岸幽谷浓荫，性格与前山前湖截然不同。后湖中部两岸仿苏州水街建成店铺，有江南镇埠风味（图05-13）。

皇家园林不大使用严肃隆重的和玺或旋子彩画，而更多生动的苏式彩画。

图05-10 颐和园十七孔桥（高宏 摄）

图 05-11 从知春亭岛望昆明湖（选自《颐和园》）

图 05-12 颐和园玉带桥（选自《中国古建筑大系》）

图 05-13 颐和园后湖（萧默 摄）

色彩也显现着建筑的性格，中国建筑的色彩可大略分为两大类：一是北方皇家建筑，红墙黄瓦白台彩画，富丽辉煌，有若工笔重彩，满眼北宗金碧；一是南方民居园林寺观，粉墙褐柱黛瓦，萧条淡泊，好似水墨写意，全是南宗文人情趣。

中国园林在世界上的地位

中国园林在世界上享有崇高的地位，唐宋时已传入朝鲜和日本，产生了直接影响。禅宗思想传入日本后，又促成了极富日本特色的"枯山水"园林和"茶庭"的产生。"枯山水"园林可以说就是一种大型的盆景，写意性极强，建造者多是禅僧，以较晚出的京都龙安寺石庭水平最高，相传建于 1450 年。石庭地面铺着白砂，表面耙成水纹形状，象征浩瀚的大海；在白砂中布置有精选的石头，象征大海中的五座孤岛；在石组周围的白砂都耙成环形，仿佛是水石相击成的浪圈（图05-14、15）。

欧洲人知道中国园林，可上溯到元代的马可·波罗。他在江南见过南宋建造的园林，还描述过元大都的太液池。太液池中有二岛，北岛较大，元时称万岁山（即今北海琼华岛），其巅广寒殿相传建于辽代；山周部署其他殿宇亭室，引水汲至山顶再导入山腰石刻龙嘴中仰喷而出；山上山下遍植花木，列置金代由汴梁运来的太湖石，又畜奇禽异兽。马可·波罗因此山"木石建筑俱绿"，又称此为"绿岛"。南岛称"圆坻"，即今之团城，有石桥北通万岁山。

与西方或伊斯兰园林比较，中国园林有以下几个显著的特点：1.重视自然美，虽有人力在原有地形地貌上的加工，甚至可能全由人工造成，但追求"有若自然"的情趣。园林中的建筑也不追求规整格局，而效法路亭水榭、旅桥

图05-14 龙安寺方丈庭枯山水（选自《世界名园百图》）

图 05-15 曼殊院枯山水（选自《世界名园百图》）

村楼，建筑美与自然美相得益彰。2.追求曲折多变。大自然本身就是变化多趣的，但自然虽无定式，却有定法，所以，中国园林追求的"自由"并不是绝对的，其中自有严格的章法，只不过非几何之法而是自然之法罢了，是自然的典型化，比自然本身更概括、更典型、更高，也更美。3.崇尚意境。不仅停留于形式美，更进一步通过这显现于外的景，表达出内蕴之情。园林的创作与欣赏是一个深层的充满感情的过程。创作时以情入景，欣赏时则触景生情，这情景交融的氛围，就是所谓意境。暗香盈袖，月色满庭，表达了对于闲适生活的向往；岸芷汀花，村桥野亭，体现了远离尘嚣的出世情怀；水光浮影，悬岩危峰，暗示了山林隐逸、寄老林泉、清高出世的追求。这些，都是文人学士标榜的生活理想。至于皇家园林，在寄情山林的同时，又通过集锦手法，"移天缩地于君怀"，满足于大一统的得意；朱柱碧瓦，显示出皇家的富贵；一池三岛，向往于海外仙山的幻想。总之，中国园林的高下成败，最终的关键取决于创作者文化素养和审美情趣的高下文野。

　　17世纪以后，有关中国园林的消息传到欧洲，先是英国，然后又在法国和其他国家引起惊叹，中国园林被誉为世界园林之母。1685年，英国著名学者坦伯尔写过一篇文章，他针对西方的几何式园林说："还可以有另外一种完全不规则形的花园，它们可能比任何其他形式的都更美；不过，它们所在的地段必须有非常好的自然条件，同时，又需要一个在人工修饰方面富有想象力和判断力的伟大民族。"他承认这种园林是他"从在中国住过的人那儿听来的"。坦伯尔还写道："中国的花园如同大自然的一个单元。"此时，欧洲所流行的园林，正像凡尔赛花园的建造者、法国古典主义造园艺术的创始人勒诺特所说的，却是要"强迫自然接受匀称的法则"。

黑格尔对中国园林精神也有相当的了解，他认为中国园林不是一般意义的"建筑"，而"是一种绘画，让自然事物保持自然形状，力图摹仿自由的大自然。它把凡是自然风景中能令人心旷神怡的东西集中在一起，形成一个整体，例如岩石和它的生糙自然的体积，山谷、树林、草坪、蜿蜒的小溪，堤岸上气氛活跃的大河流，平静的湖边长着花木，一泻直下的瀑布之类。中国的园林艺术早就这样把整片自然风景包括湖、岛、河、假山、远景等等都纳到园子里"。所以，中国园林就像是一种"绘画"，具有再现自然的性质，而不再是不再现任何东西，只抽象地表现出一种氛围的"建筑"，这是十分中肯而深刻的见解。

歌德则用诗一样的语言称赞中国人，他说："在他们那里，一切都比我们这里更明朗，更纯洁，也更合乎道德。在他们那里，一切都是可以理解的，平易近人的，没有强烈的情欲和飞腾动荡的诗兴。""他们还有一个特点，人和大自然是生活在一起的，你经常听到金鱼在池子里跳跃，鸟儿在枝头歌唱不停，白天总是阳光灿烂，夜晚也是月白风清。月亮是经常谈到的，只是月亮不改变自然风景，它和太阳一样明亮。"他在这里谈的，很大程度都指的是中国园林。

18 世纪初在清宫当了 13 年画师的意大利教士马笃礼

曾为避暑山庄绘制了三十六景图。他回忆说，在欧洲，"人们追求以艺术排斥自然，铲平山丘，干涸湖泊，砍伐树木，把道路修成直线一条，花许多钱建造喷泉，把花卉种得成行成列。而中国人相反，他们通过艺术模仿自然。因此，在他们的花园里，人工的山丘形成复杂的地形，许多小径在里面穿来穿去"。

耶稣会传教士、法国画家王致诚曾在清廷如意馆作画，参与绘制圆明园四十景图。1743 年，他曾写信寄往巴黎，信中说，在中国园林里，"人们所要表现的是天然朴野的农村，而不是一所按照对称和比例的规则严谨地安排过的宫殿。……道路是蜿蜒曲折的……不同于欧洲那种笔直的美丽的林荫道。……水渠富有野趣，两岸的天然石块或进或退，……不同于欧洲的用方整的石块按墨线砌成的边岸。"游廊"不取直线，有无数转折，忽隐灌木丛后，忽现假山石前，间或绕小池而行，其美无与伦比"。

欣赏与赞叹之后便是模仿。在欧洲，首先是英国，18 世纪中叶，一种所谓自然风致园兴起了；后来传到法国，在自然风致园的基础上增加一些中国式的题材和手法，如挖湖、叠山、凿洞，建造多少有点类似中国式的塔、亭、榭、拱桥和楼阁等建筑，甚至还有孔庙，例如 1730 年伦敦郊外的植物园，即今皇家植物园。仅巴黎一地，就建起了"中国式"风景园约 20 处。同时也传到意大利、瑞典和其他欧洲国家，但不久以后欧洲人就发现，要造起一座真正如中国园林那样水平的园林有多么的困难。

苏格兰人钱伯斯（1723～1796 年）曾到过中国广州，参观过一些岭南园林，晚年任英国宫廷总建筑师。岭南园林算不上中国最好的园林，但仍然引起了他无比的赞赏，在好几本书里他都描写过中国园林，不只是浅层的外在形象的描述，而是对中国的园林精神有了较深的体会。他说："花园里的景色应该同一般的自然景色有所区别"，不应该"以酷肖自然作为评断完美的一种尺度"。中国人"虽然处处师法自然，但并不摒除人为，相反地有时加入很多劳力。他们说：自然不过是供给我们工作对象，如花草木石，不同的安排，会有不同的情趣"。"中国人的花园布局是杰出的，他们在那上面表现出来的趣味，是英国长期追求而没有达到的"。钱伯斯反对欧洲人模仿的"中国式园林"，提醒说："布置中国式花园的艺术是极其困难的，对于智能平平的人来说几乎是完全办不到的。……在中国，造园是一种专门的职业，需要广博的才能，只有很少的人才能达到化境。"

中国人对自然美的欣赏比西方早得多，早在四、五世纪的魏晋时代即已开始，山水诗、山水画至唐宋已臻至善；而西方的绘画要晚至15、16世纪文艺复兴时才开始表现自然，并且只作为人物的背景而存在，独立的所谓风景画出现得更晚，被纳为主要题材要迟至18、19世纪的浪漫主义时代了。中国人在关于自然美的美学研究上，也早就取得了远高于西方人的成就，在古代"画论""文论"中就不乏真知灼见。

　　在中国，建筑群的总体布局以至整座城市，都强调规则对称，但园林却是自由的。西方则刚好相反，建筑群和城市往往自由多变，而园林却规则谨严。这些情况造成了两个建筑体系内部的互补，也反映了两种文化对待自然的不同态度。显然，中国人更重视君尊臣卑的"礼辨异"观念，造成了以宫殿或政权建筑为中心的规则谨严的城市。而其崇奉的天人合一、天地为庐、"人法地，地法天，天法道，道法自然"等哲学思想和生活情趣，则对园林的构思创意起了根本性作用。

六 >> "强迫自然接受匀称的法则"
——西方园林

　　说中国园林是自然式，取"有若自然"的自由式构图；欧洲园林是几何式，取几何规则式布局，这是不会有错的。但这些认识还只是停留在事物的表象，没有触及到文化的深度。

　　上章已经提到，对中国园林文化内涵的探讨，不能离开中国"文人"所持的那种特有的心态，即对人生的一种深深的忧虑和回归自然的向往。其实，即使是皇亲贵胄甚至皇帝，某种程度上也都是"文人"，与民间文人有着相似的自然观、审美理想和文化修养。这些，都使得中国园林（包括皇家园林和私家园林）作为一个整体，与西方园林比较，拥有特殊的文化内涵。

　　西方有哲学家、科学家、文学家和政治学家，却没有与古代中国相应的"文人"和"文人文化"。西方园林的园主几乎都是国王和贵族，相对于中国来说，也就是只有皇家园林，几乎没有类似中国的以"文人"为园主的私家园林。

　　简单比较中西两大园林体系，除了前者是自然式，后者为几何式以外，前者对自然的态度是尊重和顺从，后者则为征服和改造；前者重于意境美的深度经营，后者重于形式美的外在表现；前者含蓄、内敛而深沉，后者暴露、外向而浅显；前者深具阴柔之美，后者颇富阳刚的力度；前者对园林诸要素的组合方式颇为复杂，后者则简单得多；前者具有深刻的文化内涵，后者则不过只出于营造出一个美丽环境的目的。有趣的是，拿这些与中西方人的个性性格比较，似乎也具有相似的结果呢！

在 18 世纪英国风景式园林产生以前，西方古典主义园林就是上述的那种状态，规模通常很大，被称为是"骑马者的园林"。西方古典主义园林在 17、18 世纪以 1667 年始建的巴黎凡尔赛宫花园为代表，达到了其艺术高峰。

西方宫殿与府邸园林

西方园林总是与宫殿或贵族府邸联系在一起，关于宫殿，我们在"西方与伊斯兰建筑的外部空间"一章中已提到过一些，本章将补充一些实例。

16 世纪初，古典主义之前，法国的宫廷政治中心在巴黎以南的卢瓦尔河谷，沿河建造了上百座权臣府邸和国王离宫，如列杜府邸、尚农苏府邸、尚堡猎宫等，建筑与园

图 06-01 尚农苏府邸（选自《西方建筑名作》）

林的建造，都透露了与古典主义相通的一些信息。

尚农苏府邸（1515 ～ 1556 年），非常美丽的建筑全都建在湖中。小广场上的那座圆塔对于成景起到了重要的画龙点睛的作用，有了它的对比，全部画面顿时显得更加轻松活泼。两座大广场都是花园，以几何对称方式布置美丽的花坛。塔楼也起到了联系建筑与花园的作用（图06-01）。

尚堡猎宫建于 1526 ～ 1544 年，是一座国王离宫，主体由一座长方形的外院套着一座正方形内院组成，以外院南门为正门。内院北缘与外院北缘同在一条线上。两座院子的四角都有圆形角堡。外院东屋和西屋的南段，以及作为正面的南屋和南面两座圆堡只是一层，其他部分包括整个内院都是三层。内院内部由筒拱覆盖着十字通道，十字交点有一座著名的旋转楼梯，由两座楼梯扭结而成，据说是米开朗基罗设计的。通道以外四角各有一座大厅，四个圆堡也都有大厅。其他部分包括外院分隔为大中小房间，用于居住及其他用途。大院与小院之间的地面满铺黄砂（图06-02）。

图 06-02 尚堡猎宫（从西南方向前望）（选自《西方建筑名作》）

从按照严格对称几何方式布局的总平面，以及白色墙面简洁庄重的处理，还有茂密的森林包围着的按几何方式布局的大片平坦的草地、水渠、池塘及穿插其间的笔直道路，已可以看到古典主义规则谨严的特征。与上举两座府邸一样，它的圆堡仍隐现有哥特式城堡的影子，坡度甚高的屋顶有北部欧洲民间建筑的影响，尤其从内院屋顶上冒出的总数达一百多座作为采光亭、烟囱、老虎窗或纯粹装饰的各式各样的尖顶尖塔，也可以看出哥特和民间建筑的传统。它们"各式各样"，并不一致，却反而以其处理手法的一致而达到一种异样的统一。

1528 年，巴黎东南建造了枫丹白露宫，这也是法王的离宫。

1667 年开始着手的凡尔赛宫的建设，是西方建筑史的一个重大事件。

先是维康府邸的建设。维康是路易十四的财政大臣，非常富有，在巴黎郊区建造的府邸拥有范围广大的花园。建筑主立面采取横五纵三构图，两端用高峻的四坡顶，中央突出圆穹顶。建筑的室内设计有巴洛克的味道。这座府邸除建筑外，其重要意义还在于把古典主义的原则正式从建筑引伸到园林。建筑轴线的延长线也就是花园的中轴线。花园长达 1000 米，完全采取几何式构图，绝对对称，中央大道笔直而宽阔，大道中时时出现几何形的水池和喷泉，以雕刻、台阶、堡坎（挡土墙）作为地面的分割和装饰。支路也是笔直的。花坛的形状也是几何形，花草被修剪得有如彩色带图案的地毯，树木也都修剪成圆锥形、圆柱形等规规矩矩的样子（图 06-03）。其实这种花园我们在尚农苏府邸和尚堡猎宫中已经看到了，只不过前者还没有与建筑结合在一起，后者也还不够典型。

维康邀请路易十四来参观他的府邸，举行了盛大的宴会，皇帝立即被花园的古典美震惊了，这位决不允许别人

图 06-03 巴黎维康府邸（选自《世界名园百图》）

超过他的君王，暗暗下定决心一定要使他正准备改造的凡尔赛宫也采用这种方式，并力图大大胜过维康。皇帝进而又怀疑他的这位财政大臣的钱是从哪儿来的。维康看出来了，在凡尔赛宫的建设中不遗余力地给皇帝送钱，以表他的忠心。

果然，1667 年，路易十四就将建造维康府邸的建筑师勒伏和园林师勒诺特等原班人马全部调去，开始了凡尔赛宫及其大花园的伟大工程，1756 年才完工，前后持续了近 90 年。这里要插进一句话，就是当凡尔赛宫开工以前将近 20 年，英国已在 1649 年完成了资产阶级革命。

凡尔赛宫在巴黎西郊 20 余千米，早前不久，路易十三曾在这里建造过一座猎宫，砖建，平面呈凹字形，座西面东，对着巴黎。路易十四决定改建后，由勒伏负责，保留原有建筑不动，而在其南、西、北也就是各建筑的背面贴上一周石头建造的房间。以后，将原宫的墙面也贴上石头，延长南北两翼，使全宫南北全长达到 400 多米。又加大了向东的凹形广场的进深，从广场向东伸出三条放射形大道，分别通向市区和两座离宫。将三条大道汇于一点的布局，是从罗马波波罗广场学来的。二层西面中部的 19 间布置成一个通长的大厅，长达 76 米，宽约 10 米，覆筒拱顶，高 13 米，是凡尔赛宫最重要的聚会大厅，俯临着西面的大花园。厅内的装饰有浓厚的巴洛克色彩，因沿东墙挂着 17 面大镜子，又称"镜厅"。皇帝卧室在镜厅中央东面，从窗内可以望见通向巴黎的大道（图 06-04、05、06）。法王寝宫在凡尔赛宫的位置，这就好像是把紫禁城的皇帝寝殿放到天安门城楼上一样，在中国是不可想象的。

从凡尔赛的宫殿出发向西，一条长达 3000 米的大轴线纵贯全部花园。全园布置了不同景区和景观，紧靠宫殿的是两座抹角矩形水池和南北花园。南花园以南有一座以盆栽橘树为主的橘园。橘园之南有 13 公顷的"瑞士人"大水池。北花园以北为密林和奈普顿雕刻喷水池。在这些水

图 06-04 凡尔赛宫正（东）面鸟瞰

图 06-05 凡尔赛宫镜厅（选自《巴罗克艺术》）　　图 06-06 凡尔赛宫法王寝宫（选自《欧洲美术——从罗可可至浪漫主义》）

池里和周围有大量青铜雕像。沿轴线西行是一条笔直宽阔的王家林荫大道，长达 330 米，总宽 45 米，中间为草坪。大道东西两端分别是拉东娜水池和阿波罗之车喷水池。在阿波罗之车水池中，希腊神话中的太阳神架着八匹马拉的车从水中升起，表现自称为太阳神的路易十四的光荣。在凡尔赛宫里还有太阳神与众仙女的雕像。王家林荫大道两侧被划分为 12 个呈方格网状的景区，各有不同的题材，最外连接密林。从阿波罗之车水池再往西是一条十字水渠，纵臂长达 1600 米，横臂长 1000 米，宽达 60 米，四周是面积辽阔的草地，外围大森林，一望坦荡，气势壮观。整个凡尔赛宫及花园的范围极其广大，仅花园就超过 6 平方千米，外围一圈达 45 千米，向人们全方位地展现了西方园林的艺术风格，层次丰富，格律谨严，比例和尺度都推敲得十分到位，不愧为 17 世纪法国古典主义艺术的集中体现和不朽的纪念碑（图 06-07、08、09、10、11、12）。

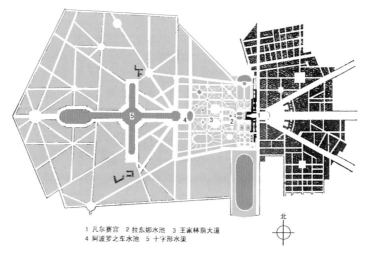

1 凡尔赛宫　2 拉东娜水池　3 王家林荫大道
4 阿波罗之车水池　5 十字形水渠

图 06-07 凡尔赛宫总平面（选自《西方建筑名作》）

图 06-08 凡尔赛宫背（西）面鸟瞰（选自《世界名园百图》）

图 06-09 凡尔赛宫西立面

图 06-10 从拉东娜水池西望

图 06-11 拉东娜喷泉

图 06-12 阿波罗之车水池（选自《巴罗克艺术》）

这里原来是一片缺水的荒地，路易十四征用了 22000 人（最高达 36000 人）建造这座花园，役用了 6000 匹马。远处以扬水机输水，全部人工种植，硬是把它改造成了花园和森林。

西方古典主义的几何式园林非常强调人工的力量，地形都经过平整，或把山地用整齐划一的堡坎（挡土墙）筑成不同高度的台地，而不是自然山丘的加工；水体也不是溪流、瀑布、池沼等自然水景，而采用简单几何形如圆形、方形、八角形、长条形的水池、水渠、喷泉和壁泉；植物种植则主要采用行列式，并把树木修剪成几何体如圆锥、圆球、圆柱等，或剪成动物形象，称为"绿色雕塑"；绿地也是几何形，周边围着整齐的绿篱；花坛通常被修剪得有如一幅幅彩色图案的地毯；园中道路笔直宽阔，一眼就能看全，不似中国的曲径通幽、步移景异。园外周边围绕高大茂密的森林。全园规模极大，被称为是"骑马者的园林"。总之，人工气息极强。勒诺特就说过，他要"强迫自然服从匀称的法则"，而与以中国为代表的东方园林的意境大异其趣。凡尔赛宫花园可以说是这种园林的最高代表，达到了其艺术的巅峰。

中西园林精神比较

欧洲古典主义者缺乏欣赏真正意义上的自然美的能力，当时英国著名古典主义建筑师、伦敦圣保罗教堂的设计者克利斯多弗·仑居然这样说："自然的美来自几何性，包括统一和比例。……几何形象当然比不规则的形象更美，在几何形象中一切都符合自然的法则。"这句话在我们中国人听来，怎么听怎么都觉着那么别扭。法国造园家布阿依索也说："人们所能找到的最完美的东西都是有缺陷的，如果不去加以调整和安排得整齐匀称的话。"布阿依索这句话的前半句任何时候都是对的，后半句的"加以调整和安排"也没有什么错，但要把所有的东西都按照所谓"几何性"安排得"整齐匀称"，对于中国人来说，却是不可接受的了。中国人认为，自然本身并不知道什么叫做"几何性"和"整齐匀称"，而且从来就不是"整齐匀称"的。自然虽自有其"法"，却并无固定之"式"，而自然的"法"却与"整齐匀称"（在宏观上）完全无关而且尖锐对立。中国的园林也由人工造成，也是"调整和安排"出来的，但却顺应着自然之"法"，故"虽由人作，宛自天开"。但中国人并不是纯任自然，"宛"或"有若"就是"好像""相似"，并不是自然的照搬和"相等"，而是对自然所作的一种典型化的概括和凝炼，形成意象，最终烘染出一种意境，既源于自然，又高出自然。而古典主义者却要"强迫"自然按照人所认定的所谓"几何性"和"整齐匀称"的"理性"的面貌出现，有违自然的本性。一个是"顺应"自然，一个是"强迫"自然，不论孰高孰低，差异是明显存在的。中国人把自然当作慈母，总是感到亲近，与之契合无间，顺应而依恋；西方人却把自然看成严父，天生逆反，时时想要"征服"它。顺带说一句，这种"征服"并不仅针对自然，也针对其他国家、民族和文化，用好听的词来说，可以称为富于进取；用不好听的词，就是总想着扩张。这种种不同，是否和农业民族与狩猎民族的深层心理记忆有关呢？顺着这条思路再追索下去，我们可以获得更多有关中西建筑文化比较的话题。

我们在论述中西建筑形体时曾经说过，中国建筑是绘画性的，西方建筑是雕刻性的。同样，西方园林也是雕刻性的，不过它不是写实性雕刻，而是以山、树、石等自然物为元素，强迫大自然符合人工的法则所"雕刻"成的立体的图案，人工斧凿痕迹十分显著。黑格尔认为，"最彻底地运用建筑原则"的是法国园林，"它们照例接近高大的宫殿，树木是栽成有规律的行列，形成林荫大道，修剪得很整齐，围墙也是用修剪整齐的篱笆来造成的，这样就把大自然改造成为一座露天的广厦"。

中国园林恰恰相反，其气质也是绘画性的，和中国画相似，一方面强调抒发情趣，中得心源，同时也注意状物写景，外师造化。曲折的池岸，弯曲的小径，用美丽的石头堆成峰、峦、涧、谷，房屋自由多变，仿佛是大自然的动人一角。然而它也并非西方艺术所理解的那种单纯模仿，其中巧思妙得、天机灵运、随时而遇，融进了人的再创造，仿佛是一幅四度空间的立体山水图卷，与山水诗、山水画的发展节拍有密切关联。中国园林同样是含蓄和内在的。

西方的园林追求的只是形式上的美，却相当缺乏深度。几何式园林还可能受到过法国人笛卡尔（1596～1650年）的影响。他是一位唯理主义者，创造了解析几何，致力于把代数的"数"与几何的"形"统一起来。

凡尔赛宫建造的年代晚于北京紫禁城，在突出皇权至上的这一点上，两者颇有相通之处，所以对欧洲各国的宫殿产生了很大影响。以后，甚至美国华盛顿、澳大利亚堪培拉的规划和建筑，也有它的影响。

1724年彼得大帝晚年，在圣彼得堡临海郊区建造夏宫（彼得各夫宫），建筑本身基本上是法国古典主义风格，宫前有凡尔赛式的几何式大花园，宫后在宫与陡峻的海岸之间布置叠泉瀑布和喷泉（图06-13）。

图06-13 圣彼得堡夏宫喷泉群（选自《世界不朽建筑大图典》）

这里，我们再提出几座西方园林以为补充，如丹麦菲特列大花园、法国维来得利绿色雕塑、德国海伦豪森地毯式花坛、意大利佛罗伦萨甘贝拉伊绿色雕塑等（图06-14、15、16、17）。

顺便提一句，伊斯兰园林也是几何式，经常在建筑前广大园地中沿纵横轴线设十字水渠，十字交点扩展成方形水池。伊斯兰园林中印度泰姬·玛哈尔陵水平最高也最典型，因本书希望将伊斯兰建筑的内容归在一起，在"成就相对有限的西方和伊斯兰建筑的外部空间"一章中已经论述过了。

图 06-14 丹麦菲特列大花园（选自《城堡的故事》）

图 06-15 法国维来得利绿色雕塑（选自《世界名园百图》）

图 06-16 德国海伦豪森地毯式花坛（选自《世界名园百图》）

图 06-17 意大利佛罗伦萨甘贝拉伊绿色雕塑（选自《世界名园百图》）

七 >>　　　　封建统治的堡垒——中国城市

在中国，如果我们走在一座具有悠久历史的城市中，就可以发现这里的街道几乎都是正南正北或正东正西方向的，方位特别好掌握。这样的城市最典型的就是北京，建城 3000 余年，建都 850 余年，在中国三大帝都（隋唐长安、元大都、明清北京）中，北京就占了两座，现在仍是中国的首都。地方城市著名者如西安、沈阳，还有更多的中小型地方性城市，也都与北京相近，都具有这种方正的城市格局。

但是，一座曾经在西方租界的基础上发展出来的城市，街道就往往很不规则，曲折而方向不定，走了多少次都记不住街道的布局，如上海、天津、武汉等。这是因为它们是按照西方城市的布局原则发展起来的。

美国建筑师沙里宁说："让我看看你的城市，我就能说出这个城市的居民在文化上追求的是什么。"他还说："城市是一本打开的书，从中可以看到它的抱负。"城市的面貌首先是它的布局，的确与文化紧密相关。

唐长安与元大都

说来话长，强调城市首先是都城的规整布局，在中国已有长达两千多年的历史，远在西周的陪都、以后又成为东周都城的洛邑王城中就有了鲜明的体现。

关于洛邑王城，在成书于春秋末叶、追述了西周一些营造制度的《考工记》中有明确的记载。都城里有宫殿，规划的指导思想就在于突出城市中宫殿的地位。

《考工记·匠人》节追述洛邑说："匠人营国（国都），方九里，旁三门。国中九经九纬，经涂九轨；左祖右社，面朝后市；市朝一夫。"意思是：王城应该是方形的，每面九里，各开三座城门。城内有九条横街，九条纵街，每街宽度可容九辆车子并行（城中央是宫城）；左设宗庙，右设祭坛，前临外朝，后通宫市；宫市和外朝都是广场，面积各方一百步。可知这是一座十分规整、方正、中轴对称的城市（图 07-01、02、03）。

《考工记》等文献还提到诸侯国都和卿大夫采邑城，规划原则大致与天子王城一样，只是规模等第有差。

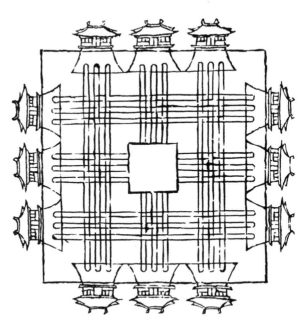

图 07-01《考工记》"王城图"（宋·聂崇义 绘）

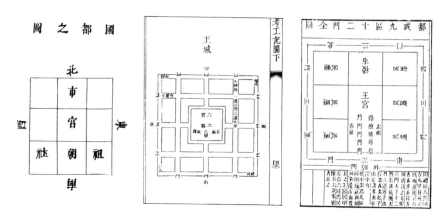

明《三才图绘》"国都之图"、清戴震《考工记图》"王城图"、清《宫室考》"都城九区十二门全图"

图 07-02 古代文献所绘洛邑王城（选自《中国美术全集·建筑》）

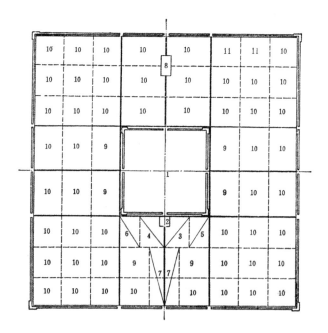

1—宫城；2—外朝；3—宗庙；4—社稷；5—府库；6—厩；7—官署；
8—市；9—国宅；10—闾里；11—仓廪

图 07-03 周王城示意（贺业钜 绘）

应该特别指出，西周王城的规划对春秋以后直到明清北京的各代都城，都有着十分重大的影响。只是《考工记》成书以后曾湮没了很长一段时间，直至西汉才得再现，其影响在东汉以后才充分发挥出来。

中西城市文化的根本性差异乃在于中西城市的性质和城市的主人的不同。中国古代城市一直主要作为各级专制政权的统治据点而存在，而西方中世纪城市由商人控制，是产生新生产方式的温床。在下一章中我们还将再次提到。

隋长安始建成于隋开皇三年（583年），唐继之。

唐长安郭城东西9721米、南北8651.7米、面积达84平方千米，人口达一百万，是中国古代三大帝都最大者，也是当时世界最大的大城。宫城在郭城北部正中，其前为皇城，皇城和宫城总面积约9.41平方千米，仅比今西安城墙所围面积稍小。宫城由三区宫殿组成，中为太极宫，最大，是朝会正宫，东西对称为太子所居的东宫和后妃宫人所居的掖庭宫，三宫正南都有门通向皇城内的大街。皇城里没有居民，集中设置国家级衙署和左祖右社。宫城、皇城以南三面包括郭城。郭城每面都开三门，全城有纵轴和横轴大街及东、西两市。纵轴大街通贯全城，进入宫城后再向北延伸，总长将近9千米，是世界城市史上最长的一条轴线。可以看出，唐长安这种三城相套的整体格局，是从东汉作为魏都的邺城开始几百年来城市逐渐趋向规整化的最后结果。

城内均齐设置了一百零八座里坊，四周坊墙，四面或两面开门，坊内有街和更小的巷、曲，民居面向巷、曲开门，通过坊门出入，实际是大城中的许多小城。"坊者防也"，其实是统治者防范居民的措施，除每年元宵三夜"金吾不禁"外，每夜实行宵禁。在城市横轴也是最主要的东西交通干道以南，对称辟东西两市，集中商业，商铺也只向坊内开门。两市与皇城呈品字布局。大街上只见坊墙，严肃而冷寂，与宋代以后商业发达城市的热闹面貌迥然不同，与欧洲中世纪晚期的城市以教堂和教堂广场为中心、街道呈环状放射而自由曲折、市场遍布全城、居民可沿街居住或营业的情况更有巨大区别。唐代城市的形象，在敦煌壁画中有某种反映（图07-04、05、06）。

唐中期以后商业的分布有所扩大，在两市周围、大明宫前和各城门处都出现了工商行业，甚至位于大明宫、皇城和东市之间的贵族聚居区崇仁坊也已"一街辐辏，遂倾两市"了（《长安志》）。晚唐还出现了夜市，直接影响到里坊的宵禁制度，这种趋势终于导致了里坊制在北宋的废除。

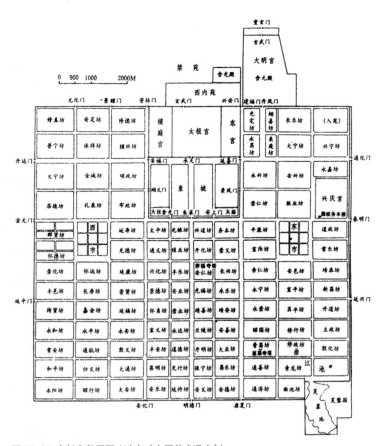

图07-04 唐长安复原图（选自《中国美术通史》）

图 07-05 莫高窟晚唐第 9 窟壁画三道城门（选自《敦煌建筑研究》）

图 07-06 莫高窟盛唐第 148 窟壁画城垣（选自《敦煌建筑研究》）

从郭城到皇城到宫城，长安犹如一幅组织有序的巨大图画：城墙由低而高，布置由疏而密，建筑由简小而高大，色彩由淡素而浓重，节奏由缓慢而繁促，气氛由简放而庄严，层层加紧，最后归结为皇帝所居太极宫这一着墨最浓的一点，城内各部都是这一点所晕发出来渲染，对它起着众星拱月的烘托作用。在这幅大画的外廓围绕着郭城城墙，好像是一幅精心制作的画框，恰当地起着收束整个画面并与中心高潮呼应的作用。在凸出于夯土城墙之外的包砖城台上，立着高大的木结构城楼，以其形象、色彩和手法与大段平整的夯土城墙形成对比，是画框上的重点装饰。它们和城内高大建筑一起，组成了丰富的立体轮廓。广大的里坊区相对平淡，以突出重点，但仍有一定的点景处理，打破了单调的印象。如城里的高大建筑，较著名的如慈恩寺塔、西市周围的延康坊静法寺、怀德坊慧日寺、怀远坊大云经寺的木塔和高阁等。这些星罗全城各坊的多达百余座的佛寺道观楼塔和王侯第宅，以其鲜明的色彩、巨大的体量和突出的体形，如水面上绽开的朵朵莲花，给古城平添了许多生气。

唐长安对国内边远地区和邻国朝鲜、日本的城市产生过很大影响，如东北地方政权渤海国上京龙泉府和东京龙原府、朝鲜统一新罗时代的新罗都城、日本的平城京和平安京等，都学习长安（图07-07）。唐僧从谂曾说："大道通往

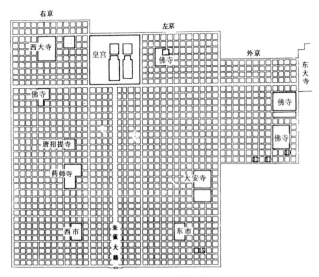

图07-07 日本奈良平城京平面图（张十庆 绘）

长安",信不虚也。

但唐长安的商业和商人都受到很大限制，主要集中在东西二市中，入夜不能营业。至宋，汴梁成为都城后，由于封建商品经济的发达，逐渐地，里坊制和宵禁已不再可能，965 年颁诏废除，一举拆掉坊墙，从此，商铺和居户都可面对大街开门，形成繁华的商业街。北宋后期，汴梁人口大增，大约已达 150 至 170 万，比唐长安多出一半以上，但汴梁面积只有长安一半稍多，所以楼房较多，街道较窄，更增繁华景象。这些，在《清明上河图》和《东京梦华录》中都有生动具体的表现（图 07-08、09）。

元朝的统治者是原来在漠北活动的蒙古人。忽必烈（元世祖）在至元八年（1271 年）建立元朝，决定将政治中心南移，在金中都旧城东北以琼华岛（北海）一带金代离宫为中心，另建新城，1272 年基本建成，即为元大都。

大都坐落在华北平原北端称为"北京湾"的地方，西有太行山，北横燕山，往南直达河洛，数千里内一望平川，交通无阻。向北可通过燕山长城关隘要道，连接辽东、朔北、漠北、西北。北京实在是沟通南北交通的要害之地，中原文化、草原文化和东北文化在这里交汇，自古具有多元的色彩。古人常用"幽州之地，左环沧海，右拥太行，北枕居庸，南襟河济，诚天府之国"来称赞她（图 07-10）。

元大都也是严格按照预先的规划建设起来的，布局严整，规模宏伟，建筑壮丽。

规划者是汉族儒士刘秉忠，依据儒学"用夏变夷"的思想，力图按照《考工记》所记周王城的规划原则来建设，是元大都规划的最大特点。其实质便是以先进的中原文化影响和改造建立在游牧经济和军事掠夺上的蒙古贵族的统治方式。秉忠常以"典章礼乐法度三纲五常之教备于尧舜……思周公之故事而行之，在乎今日，千载一时不可失也"等言劝喻世祖。

图 07-08《清明上河图》中的汴梁城门（宋·张择端《清明上河图》）

图 07-09《清明上河图》中的虹桥（宋·张择端《清明上河图》）

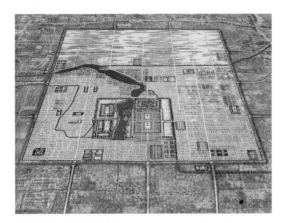

图 07-10 元大都鸟瞰图

大都规模很大，东西6700米、南北7600米，基本方形，远大于辽南京和金中都（先后在今北京西南一带），比起北宋汴梁来，也有过之，约与唐东都洛阳相近。其东、西墙分别与以后明清北京内城的东、西墙大体在同一直线上，南墙较后者南墙往北近二里，北墙较后者北墙往北约五里。除北面二门外，其他三面均开三门，正门称丽正门。正对各门有大街，除被宫殿区阻隔和城内湖泊打断外，各大街皆纵横相通，基本上是九经九纬。在二门之间及沿城内一周也各有一条大街。城墙全为夯土，有马面，四角有角楼。为防雨，城墙曾用芦苇蓑护，所谓"草苫土筑"。元末，在每城门外加设瓮城。皇城在城内南部，正门称棂星门。皇城内在全城中轴线（与明清北京中轴线同一）上有宫城，又称大内，正门称崇天门。皇城之北鼓楼一带是最主要的市场。在皇城外左右都城东西城门齐化门和平则门内分建太庙和社稷坛。这些，都明显与《考工记》的规定相符。总体来说，在中国城市史上，大都最接近《考工记》所提出的理想。

　　《考工记》的说法不仅具有形式上的意义，它更是中国封建社会最高统治者的美学理想在城市艺术上的反映。方正的城市外廓、以贯串全城南北的中轴线为对称轴的东西对称格局、皇宫位于全城中轴线上的显赫地位、严格的纵横正交的街道网格，以及以左"祖"、右"社"作为宫殿的陪衬，这些，都浸透了皇权至上等级严格的宗法伦理政治观念。统治者追求的理性秩序在这里起了直接的作用，是他们理想的社会模式在现实中的表现。

　　大都西南是金中都的废墟，为了避开旧城，大都南墙必得在金中都北墙以北，这就是皇城居于城内偏南的原因（图07-11、12、13）。

　　大都十一个城门，每门都建城楼，城外有瓮城，它们和角楼、城墙一起，组成了城市外围丰富的立体轮廓。在城内几何中心建中心台，"方幅一亩"，台稍偏西建鼓楼，

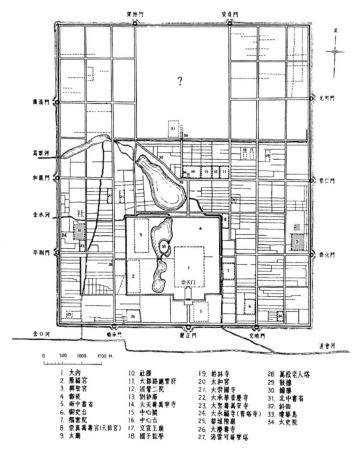

1. 大内	10. 社稷	19. 柏林寺	28. 萬松老人塔
2. 隆福宮	11. 大都路總管府	20. 太和宮	29. 鼓樓
3. 興聖宮	12. 巡管二院	21. 大崇國寺	30. 鐘樓
4. 御苑	13. 倒鈔庫	22. 大承華普慶寺	31. 北中書省
5. 南中書省	14. 大天壽萬寧寺	23. 大聖壽萬安寺	32. 斜街
6. 御史台	15. 中心閣	24. 大永福寺（青塔寺）	33. 璃華島
7. 樞密院	16. 中心台	25. 磚城隍廟	34. 太史院
8. 崇真萬壽宮（天師宮）	17. 文宣王廟	26. 大慶壽寺	
9. 太廟	18. 國子監學	27. 遊紫可菴雙塔	

图 07-11 元大都复原平面（选自《中国古代建筑史》）

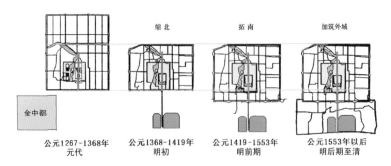

图 07-12 从元到清北京城垣的变迁（萧默 绘）

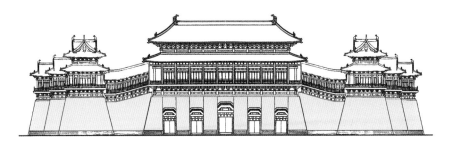

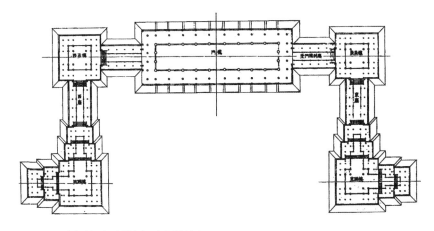

图 07-13 元大都崇天门（傅熹年 复原并绘）

其北又有钟楼。由中心台向东的大街，正对外城东面中门崇仁门。鼓楼和钟楼都颇高大，"层楼拱立夹通衢，鼓奏钟鸣壮帝畿"（张宪《登齐政楼》,《玉笥集》卷九）。这些高大的建筑有规律地分设在各主要街道和关键部位，成为主要大街的对景和统率各地段的构图中心，使整座城市成为一个有机的艺术整体。在城市中心大街交会处建钟鼓楼的格局，成了以后明清华北许多城市的普遍形式。

大都的街道以南北向为主，有大街也有小街，在它们之间布置东西向的胡同，非常整齐，现在的北京老城区往往还可以看出它们的影子。

与元朝同时期的欧洲，还正处在一个封建割据的分裂局面中，不可能出现像大都这样气度非凡的大帝都。马可波罗就称赞大都"其美善之极，未可言宣"。他描绘此城"街道甚直，此端可见彼端，盖其布置，使此门可由街道远望彼门也。城市中有壮丽宫殿，复有美丽邸舍甚多"，"各大街两旁，皆有种种商店屋舍，全城中划为方形，划线整齐，建筑屋舍，……方地周围皆是美丽道路，行人由斯往来"。时人黄文仲《大都赋》亦云："论其市廛，则通衢交错，列巷纷纭，大可以并百蹄，小可以方八轮。街东之望街西，仿而望佛而闻，城南之走城北，出而晨归而昏。"

中国建筑组群向以南向为尊，入口都争取放在南面而将北面封闭，使为屏障。由小及大，大都之不设北墙中门，恐与此环境心理有关，由此又演化出"王气"之说，认为北面正中应该封闭，以防走泄。所以，大都规划在尽量采用《考工记》所述原则的同时，也根据自身条件和要求，有一些变通处理，并非一概奉行不渝。

城市中有丰富的水景是大都面貌的又一特色。在大都兴建以前，这里已有一系列自然水面，从西北山中流来的高梁河汇成积水潭和海子（今积水潭和什刹海，面积较现湖面大），再南又流入太液池（今北海和中海。南海其时尚未开拓），金代离宫就在太液池区域。大都规划者成功地利用了北方不可多得的水面，把它们组织到城市布局中，太液池被包入皇城，积水潭和海子被包入大城。元代著名科学家郭守敬又引白浮泉之水入城，加大了积水潭和海子水量，使得通惠河可以开通。通惠河自海子以东南流，沿东皇城根南下出城，再东去通州，与南北大运河相接，使来自江浙的大船可一直驶入大都，停泊在海子内，"舳舻蔽水"，"川陕豪客，吴楚大贾，飞帆一苇，径抵辇下"，商贾云集。于是海子东岸的鼓楼和北岸斜街日中坊一带，"率多歌台酒馆"，又有售卖各种商品的市场，成了最繁华的商业中心。海子周围又多园林寺观，传说有十座寺刹最为著名，故海子又称什刹海。

明清北京

北京城在元大都的基础上改造而成，紫禁城仍选址在此时已被拆除的大都宫殿旧地，只是比元宫稍向南移，同时将大都北墙和南墙也向南移动。北京全城呈略横的方形，东西6650米，南北5350米，四面城墙包砖，有九座城门，各门外各有瓮城。城门上有两层三檐的高大城楼。瓮城上有箭楼，四层，以大砖砌墙，十分雄伟坚实。在北京东南、西南二角，城墙上建造了高大的曲尺形平面角楼，也是砖砌四层。现在保存下来的只有南墙正中的正阳门和它的瓮城箭楼、北墙西端的德胜门瓮城箭楼等城楼和东南角楼了。

紫禁城在都城中轴线中段。在紫禁城紧北，以拆除元宫的废土和开挖紫禁城护城河的土堆成一山，高约50米，称镇山（又称景山），含有镇压元朝王气和形成景观的寓意，山下正好压着元代的延春宫。景山以北沿中轴线有鼓楼和钟楼，与景山遥相对望。

明代为加强北京的防卫，计议加建一圈外郭城，先从居民较多的南面开始，但另外三面以后没有建造，使整个北京最后成为凸字形平面。南面新加的城墙称外城，原城改称内城。外城南部有天坛，内城以北有地坛，内城东、西各有日坛、月坛，形成外围的四个重点，簇拥着居中的皇城和宫城。太庙和社稷坛在宫城正门——午门前左右，紧靠皇宫。皇帝在每年冬至、夏至、春分和秋分要分别到天、地、日、月四坛举行祭祀。天地日月、冬夏春秋、南北东西，这种种对应，显示了中国古人天人合一的宇宙观念（图07-14）。

由于南面扩出外城，全城中轴线大为加长，达到7.5千米。依轴线全长，自南而北全城构图可分为三大段：第一段自外城南墙正中永定门到正阳门，最长，节奏也最和缓，是高潮前的铺垫；第二段自正阳门至景山，贯穿宫前广场和整个宫城，较短，处理最为浓郁，是高潮所在；第三段从景山至钟、鼓二楼，最短，是高潮后的收束。欧洲人常说建筑是凝固的音乐，如果以音乐相比，那么全部中轴三段就好像是交响乐的三个乐章：第一段好比序曲，第二段是全曲高潮，第三段是尾声，相距很近的钟、鼓二楼就是全曲结尾的几个有力的和弦了。全曲结束以后，似乎仍意犹未尽，最后再通过北面的德胜、安定二门的城楼，将气势发散到遥远的天际，就像是悠远的回声。在这首乐曲的"主旋律"周围，高大的城墙、巍峨的城楼、严整的街道和天、地、日、月四坛，都是它的和声。

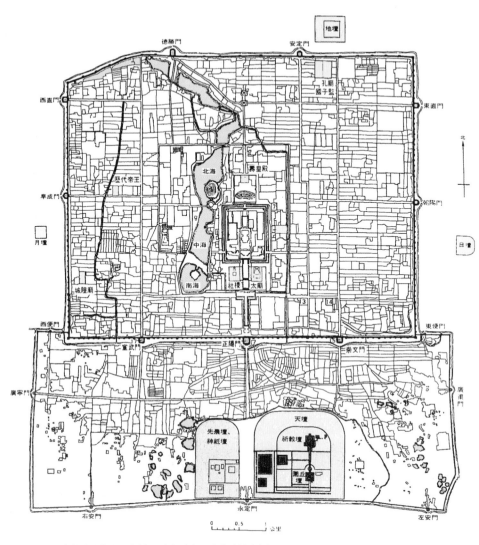

图 07-14 清乾隆时代的北京城（选自《中国古代建筑史》）

整座北京城就是这样高度有机地结合起来的，有着音乐般的和谐和史诗般的壮阔，是可以和世界上任何名篇巨制媲美的艺术珍品（图07-15、16、17、18）。

北京城的艺术构思还体现了中国人特别擅长的色彩处

图07-15 永定门旧景（张先得 绘）

图07-16 民国时期正阳门箭楼

图 07-17 正阳门（萧默 摄）

图 07-18 鼓楼和钟楼（高宏 摄）

理能力：中轴线上的高潮即紫禁城，普遍使用华贵的金黄色琉璃瓦，这些瓦在沉稳的暗红墙面和纯净的白色石台石栏的衬托下闪闪发亮；散在四外的坛庙色彩与它基本一致，遥相呼应；城楼和大片民居则都是灰瓦灰墙，是宫殿区的陪衬；它们又全都统一在绿树之中，呈现着图案般的美丽。英国人爱孟德·培根在所著《城市的设计》中说："也许在地球表面上人类最伟大的单项作品就是北京了，这座中国的城市是设计作为皇帝的居处，意图成为举世的中心的标志。……在设计上它是如此辉煌出色；对今日的城市来说，它还是提供丰富设计意念的一个源泉。"

地方城市

在中国，城市不仅是一个聚居的地方，更是专制皇朝派驻各地的政治统治中心，与西方中世纪开始形成的工商城市有本质的不同。为强化政权，在各地方城市也形成了普遍遵行的模式，尤其在北方平原地区，表现得更为典型。一般是城市外廓规整方正，纵轴采正南北向。城四面各开一门，相对二门为干道组成十字，交点处常建钟鼓楼。衙署都在靠近城市中心的显著部位。

沈阳古称营州，辽金时始有城池。明初筑"沈阳中卫城"，方形，四边各开一门，内为十字干道，在干道交点附近建中心庙，是北方城市的典型样式。明万历间，女真族统一各部，努尔哈赤建国大金（史称后金），天命十年（1625年）迁都沈阳，并始建宫殿。纵街南段路东建八角形大政殿，路西建前朝后寝，宫殿区既不完整又不突出，而且被纵街分隔。皇太极时改城名为"盛京"并改建城市，方城各面均辟二门，组成井字街道，宫殿区即在井字的中心方格内，面临南横街，解决了原来存在的问题。以后又在原城外围扩建一周外郭城，仍为方形，每面二门（图07-19）。

明西安城元朝时称奉元路，是在隋唐长安皇城的废址上建造的，南墙和西墙就是皇城的南墙和西墙。明初（1370年）朱元璋封次子朱爽为秦王，改奉元路为西安，在城内修建规模很大的秦王府，位在元十字形干道划分出的东北部。为不使王府局促于一隅，遂将元城东、北二墙稍向外移。鼓楼在十字干道交点附近、西大街路北。钟楼起初也在西大街，后迁至十字交点处。西安的城楼、瓮城上的箭楼，形象与北京的相近。还有角楼、凸出城外的马面和护城河，

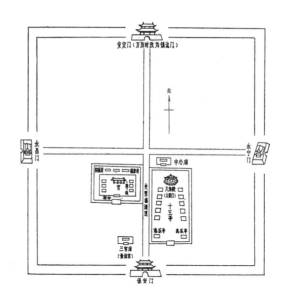

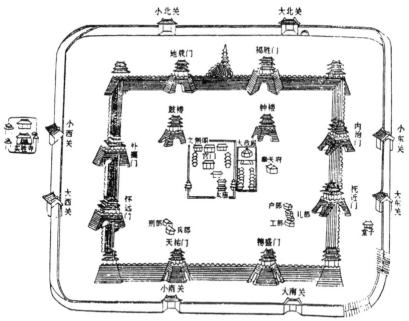

图 07-19 改造前后的沈阳城及后金宫殿（选自《中国建筑艺术史》）

整座城池"百雉巍峨,形势厚重,燕京之外,殆难多睹"(图07-20、21)。

西安钟楼造型端庄稳定,与各城楼、箭楼互为对景,再加上高起的角楼,形成了丰富的立体轮廓。钟楼在平时有报时警夜作用,战时是协调各门守卫的指挥中心。

西安城市布局具有代表性,甘肃酒泉、山西大同、辽

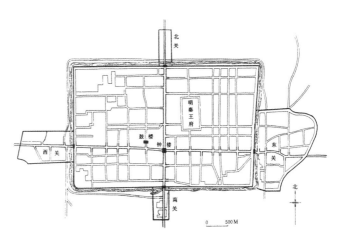

图 07-20 明清西安(选自《中国古代建筑史》)

图 07-21 西安钟楼(萧默 摄)

宁兴城和北方许多中小城市，基本与西安同，而江苏南通、甘肃兰州、山东莱芜、山西太谷和平遥等城则是对这种布局方式的稍加变更（图 07-22、23、24 ）。

城楼和市楼对形成街道对景，丰富城市天际线起很大作用（图 07-25、26 ）。

中国古代城市布局，具有深刻的文化内涵。中国自公元前 221 年秦始皇改前此的分封制为郡县制以来，即实行高度专制的中央集权制，不容许其他力量如封王、藩镇军

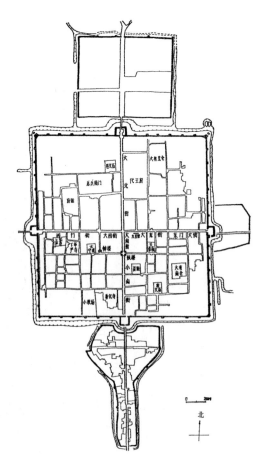

图 07-22 山西大同（选自《中国城市建设史》）

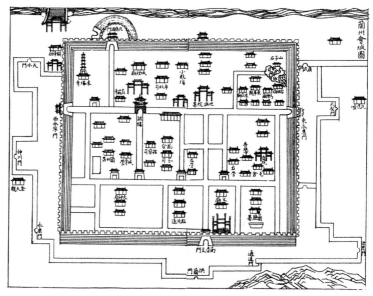

图 07-23 清"兰州会城图"（选自清《钦定四库全书·甘肃通志》）

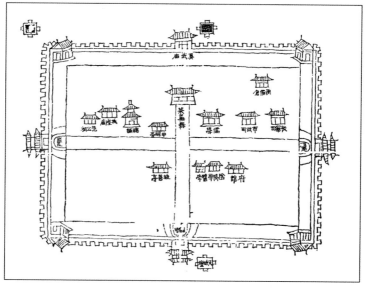

图 07-24 明莱芜县城（选自明嘉靖《莱芜县志》）

图 07-25 四川阆中华光楼（萧默 摄）

图 07-26 山西平遥市楼（许一舸 摄）

事势力、宗教、工商业、民间组织甚至民风民俗影响到它的权威。2000多年来，"百代皆行秦制度"，各地封王基本上都是"封而不建"，诸王在其封国内只拥有有限的治权而没有主权，甚至本人也成为各级地方官员的监视对象。保证了由皇帝直接任命的各级官僚的最终效忠对象是皇帝而不是诸王，"溥天之下，莫非王土；率土之滨，莫非王臣"，从都城到各地方城市，就是皇帝统治权威和他派出的代表实行专制政治统治的据点和象征。城市的主人是封建政治的最高统治者皇帝或各级代表政权的官僚，城市是封建制度的强大堡垒；工商业者被称为"市井小人"，身份低贱，没有独立地位，经济活动也受到很大限制，很大程度上带有直接服务于封建主物质消费需要的性质。这些都必将在城市面貌上反映出来，即逐渐采取了早在周代就已经有所实现的规整对称、王宫或地方衙署居中、具有纵横轴线、方正谨严的形态。应该认识到，这种形式不仅具有形式美的意义，更主要的是鲜明体现了皇权专制制度的秩序和权威。

中国古代城市构架，现在在各地往往仍可以看到它的影子。

八 >>　　　资本主义的温床——西方城市

　　西方城市的起源很早，如两河流域的巴比伦城、希腊雅典城、意大利半岛上的罗马城等，但大多是随机而遇自由发展起来的，谈不上什么规划，甚至按照中国的标准，可以说是杂乱无章的。

　　在被称为"黑暗时期"的基督教早期，欧洲以古希腊、古罗马人本主义为特征的古典文化被哥特人的铁骑扫荡成白茫茫的一片，基督教神学全面控制了文化，学术和艺术处于极其困顿的状态。但社会毕竟还是在发展，封建制的生产方式毕竟比奴隶制进步，西欧建筑仍取得了一些成就，如早期基督教建筑和10至12世纪本书称为"前哥特时期"的建筑等。在前哥特时期，城市开始萌芽。至中世纪末期即"哥特时期"（12～15世纪），欧洲出现了一批伟大的教堂，这是整个中世纪最值得称道的艺术成就，同时城市开始兴旺。哥特时期的成就曾被长期低估了，只是到了近几十年，才重新发现和肯定。

西方中世纪的四种力量

　　欧洲中世纪的社会史远比中国复杂。在中国，唯我独尊、一统天下的皇权控制着一切，宏观来看，社会相对平稳安定，甚至可以说是国泰民安。但欧洲中世纪末期，却存在着四种互不相让的权力——教会、国王、领主和工商城市，它们互相争夺又互相利用，纷争不断，社会历史相当复杂。要用有限的篇幅对它描摹出一个大致的轮廓，也是一件不容易的事。

这四种力量，占优势的是教会，中世纪的哲学、政治学和法学无不受到它的严格控制。基督教神学是全社会的"总的理论，是它包罗万象的纲领"。教会成了社会的中心。公元 756 年，法兰西国王矮子丕平向罗马大主教"献土"，在意大利形成"教皇国"，教皇制正式诞生。为表示自己的由来有源，教廷追认公元 1 世纪时曾在罗马传教的耶稣的第一门徒彼得为罗马首任教皇，所以"教皇"又被称为"圣彼得的继位人"（1243 年罗马教廷迁到法国阿维尼翁，1377 年又迁回罗马）。

公元 12 世纪末到 13 世纪，教皇的势力达到顶点。1198 年教皇英诺森三世继位，他说过："教权是太阳，君权是月亮，君王统治其各自的王国，但彼得统治全世界。""君王施权于泥土，教士施权于灵魂，灵魂的价值超过泥土有多大，教士的价值即超过君王有多大。"教会拥有无数的地产，其范围超过了贵族，正如在知识方面，教会也超过了贵族一样。在宗教精神的笼罩下，艺术和科学被视为异端，伽利略就曾受到罗马教廷所谓宗教裁判所的严重迫害，不被允许进行科学研究。

天主教的告解制度使得人人都可能成为告密者。告解有三个层次，第一是忏悔，彻底摧毁信徒的自信心；然后是告罪，要找出发生罪过的原因，受到了谁的指使或影响；最后是补赎，要以行动来求得主的宽恕，成了对告密的激励。宗教裁判所规定，教徒必须在每年复活节前的六天内进行告密。因此，每当复活节前夕，人们就提心吊胆，特别害怕听到敲门的声音，因为告密的十二级台风此刻正刮得最为猖獗，谁也不敢保证开门以后还能不能再活着回来。

几百年来，宗教裁判所的牺牲者，最保守的估计也有几百万之多，而14世纪中期欧洲的总人口只不过在6000万至8000万之间。

欧洲国王和领主的关系与中国皇帝与诸王的关系也存在重大不同。

公元5世纪征服了罗马的北方蛮族还处于氏族社会末期，文化非常落后，军事贵族们都是些目不识丁的角色，是一些强取豪夺的流寇。这些人夺取了新土地并把土地上的人民包括奴隶都变成为隶农，"流寇"也变为"坐寇"，急切需要建立一套制度，加强自己的地位。这些军事贵族最初是通过军事民主方式经氏族首领选举产生，无论其产生的方式还是即位的仪礼，都远不足以树立自己的权威，无法驾驭大片国土。这时，正好基督教需要寻求新政权的支持，及时送上了"君权神授"的观念，迎合了他们的需要，两者的结合，从罗马留下的基督教就延续下来，并日益发展。教皇或主教给这些"蛮族"的大小国王施行涂油加冕礼，加上一套隆重而程序复杂的仪式，包括授给王冠、权杖、徽章和圣餐，象征国王已成为受上帝保护和授权的"新人"。一方面，一位仅凭膂力过人就登上大位的起赳武夫，虽然吃相仍然难看，但这样被披上一件金光闪闪的神圣外衣，当然心满意得；另一方面，也意味着基督教是上帝的代言人，寓有神权高于王权的意义，加强了宗教的地位。两方面都觉得这桩买卖十分合算、十分惬意。

在西罗马帝国的废墟上建立的一系列国家如西哥特王国、东哥特王国、法兰克王国、伦巴德王国、汪达尔王国、盎格鲁—撒克逊王国等，按照中国的尺度，都只不过是一些小国。他们各自实行"封建"，受封者称为领主，拥有各级爵位，主要不是按照血缘关系，而是按与国王的"哥们儿"情分的大小受封的，是国王对他们在征战中为自己卖命出力的报答。领主又把自己得到的土地封给他自己的小哥们儿，成为再小的领主，最小的领主称为骑士。就好像黑社会的"大哥"把好处分给他的一帮子小兄弟，小兄弟再把其中的一部分分给他的一帮打手一样。这种"封建"与中国的"封建（应称皇权专制）"的最大不同就是，分完就完了，国王和大小领主只在完全属于各自的土地上拥有全权（包括隶农对他们的人身依附权）。国王与其直接受封的领主之间，或大领主与小领主之间，除了封主打仗时封臣要派兵支援，或者封主被俘他们得仗着哥们儿义气凑足一笔赎金把他赎出来以外，不存在更多的义务。分封之时他们就订有协议，明确双方的责任，受封者有权不执行超出协议以外的要求。《西方的传统》一书记载了一份国王与领主的协议："如果国王召唤男爵及所有封臣，他们就必须来到国王的面前。他们必须率领各自的所有骑士，自己负担费用，为国王提供 40 天的军事服役。如果国王要求他们自费为国王提供超过 40 天的军事服役，只要他们不愿意，就可以不做。如果国王自己出钱请他们在 40 天后继续为国王服役，他们就必须做。如果国王希望他们跟随自己出国打仗，如果他们不愿意，就可以不去。"这件毫无文采可言的直通通的协议书明确了西欧"封建"的特点：封主与封臣之间只有有限的义务和权利，而不是高度的中央集权。这些情形，在中国的所谓"封建社会"，哪里可曾见到？

国王和领主自然是教廷的对立力量，但他们也需要教廷的神学支持，虽然不太情愿，却总是觉得只有接受过教皇或大主教的加冕，才算得是取得了合法统治权。由于国王对领主并没有绝对的控制权，当发生利益冲突的时候，背叛就是经常的了。此时，国王和领主就争相向教廷靠拢，以求壮大自己的声势。

除了教会、国王和领主这三大势力，到了哥特时期，在前哥特时期已出现的工商业的基础上，又正式产生了第四种力量，即以商人和手工业工匠的行会权力为中心的城市。这些城市最先在意大利诞生，如威尼斯、热那亚、米兰、比萨、佛罗伦萨，以后扩及于尼德兰低地和其他地区。此前已产生的主要作为国王政权基地的巴黎、伦敦和罗马的市民，也加强了自己的力量。这些新兴的市民阶层——商人和手工业工匠就是资产阶级的前身，天生就有一种反封建的萌动。工商业城市就是资本主义的原初胚胎。

城市与教会、国王、领主存在着多方面的利益关系。一方面，在多种权力并存的情况下，各个统治者都把获得强大的税源和利润以发展自身的经济放在第一位，为此，教会、国王和领主之间的竞争逼得他们虽然不愿意，也只得支持城市的自由发展，限制自身的权力，这就出现了有限政府与多元社会的并存。

当然这也存在多种情形。比如法国国王，对于其属下的领主统治地区的城市，给予了更积极的支持，以削弱教会的势力，加强自己的统一大业。城市也支持国王，因为统一的国家有利于统一的市场、货币、交通和税收体系，最终有利于市场经济的发展。英国就正好相反，城市转与领主联合，鼓励领主将农地变成牧地，以促进向比利时的法兰德斯出售羊毛的商机，获得丰厚利润。他们联合向英王施压，迫使国王接受有利于他们的法案。

总之，就全欧洲尤其是当时最大的国家法国来说，城市经常与国王站在一边，教会则经常与最封建最保守的领主站在一起。

然而新兴市民阶级的力量还是薄弱的，尤其在意识形态上，他们更处于十分无力的状态。所以，为了宣扬城市实力而建造的最重要的建筑，仍然只能是在本质上与自己的思想相悖的教堂。前哥特时期以前的教堂主要是以乡村修道院为中心发展起来的，哥特教堂则以城市"主教堂"为发展契机。这些主教堂，大都位在全城的中央。教堂前面多有广场。不管怎样，都有利于宗教的宣传，符合教会的利益，教廷也乐观其成（图 08-01、02、03 ）。

中国（很大程度上包括整个东方）与欧洲出现了截然不同的两种情况：前者以皇帝的绝对统治为中心，皇权至上；后者则以教皇为精神的纽带，神权至上。前者实行中央集权制，高度专制，高度统一，高度集中，一个中心，虽然

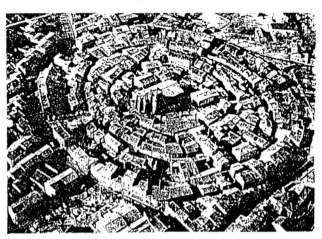

图 08-01 欧洲中世纪以主教堂为中心的城市（选自《萧默建筑艺术论集》）

图 08-02 欧洲中世纪以主教堂为中心的城市——维也纳

图 08-03 文艺复兴以主教堂圣玛利亚大教堂为中心建立
的佛罗伦萨（选自《人类文明史图鉴》）

也承认"君权神授"，强调的却是"君"，皇帝是天的儿子，直接受命于天，不
需要神权为中介；后者的政权则分散为以教皇为首的各地教会、各大小国王、
各大小领主，形成相对弱小的多个中心，互相勾结，也互相争夺，专制只实行
于教皇、主教、国王和大小领主直接领有的土地内部，虽同样承认"君权神授"，
强调的却是"神"，而不是"君"。前者"政不下州县"，乡村都实行以从富裕
农民中脱颖而出的地主乡绅为主的自治，农民多为自耕农，人身完全自由；后
者的农民都是没有人身权必须依附于领主的隶农，毫无自由可言。因而，前者
长期安定，以合为主，呈现出一种超稳定结构的状态；后者则长期战乱，以分
为主，人民不得安居。前者的主流意识形态是"不语怪力乱神"而注重人间实
事的儒学，后者则为基督教神学。正因为中国的超稳定体制，说中国是世界唯
一得以延续下来而独存的"文明古国"，确实并不为过。

工商城市的诞生

但也正因为上述原因，欧洲却得到了一个意外的回报，就是在教会、国王、领主这三大势力统治的空档中，逐渐滋生出了第四种相对独立的政治力量，即以手工业者和商人为中心的城市。这是因为：第一，欧洲的中世纪，由于同时存在着一系列王国和领地，过于分散，封建统治者的控制力在乡村以外的地方相对较弱；第二，因为分散，这些军事政治中心之间存在激烈的斗争，为了在斗争中获得优势，就需要容忍和利用工商业者的力量。所以，在欧洲中世纪，商品交换以及市场经济关系，一直在逐步发展，逐步壮大。除罗马、巴黎、伦敦这些主要是作为国王的统治据点的城市以外，大多数欧洲中世纪城市，都是因手工业和商业的需要而由工商业者自发地建立和发展起来的。其实，基于自然经济之上的手工业和商业在中国也早就产生了，但由于中国社会的超稳定结构，王权对他们总是采取限制而贬抑的政策，担心它们过于强大，会形成一种异己的力量。他们往往被称为"市井小人"，不得干政，更不得为官，甚至不能与"良人"通婚。他们所从事的职业被称作"贱技末业"。虽然宋代工商业已相当发达，一点儿也不比同时代的西欧差，却始终不能形成一股独立的政治力量，反而要尽量对政权示好，钱权交易，求取保护，不敢有争取自己权利的意志的任何表现。但工商业者的独立地位，却在欧洲实现了。这也就是为什么在中国的皇权专制社会内部，没有能孕育出资本主义，而在西方却能够产生的原因所在。

欧洲这一工商城市运动的发端，是在 10 世纪。开始，不是在领主的庄园里，也不是在国王或领主的城堡里，而是在一些人口较多的领主城堡、教堂和修道院、交通要道附近有主却无人的地段上，自发聚起了一些手工业作坊和商业集市。这里的街道和轮廓并没有经过规划，并按规划逐步实施，没有这样一个自上而下的过程。后来，为了保卫自己和维护行业规矩，这些商人和手工业者组成了自己的行会，由行会领导集资建起了城墙，自此有了自己的城堡。他们也因此而被称为"市民"——"布尔乔亚"（bourgeois）这个词就是从城堡（bourg）演化而来的。市民的公共事务，则由一些热心而有能力并经选举产生的行会首领领导。这种工商城市，与遥远的古希腊和共和时期的古罗马呼应，稳固地孕育了西方的法治、民主、自由、个人的利益和权利，以及重视诚信等体制性传统，而与东方仅依赖于道德修养的人治传统有别。

汤普逊说："城市运动，比任何其他中世纪运动更明显地标志着中世纪时代的消逝和近代的开端。……前所未知的一个新社会集团，即市民阶级或资产阶级出现了。"

教会、国王和领主们对于这些城市真是又爱又恨。一方面，他们力图像对待隶农一样，对他所属领地上的市民进行盘剥，与城市产生矛盾；另一方面，他们又确实需要城市提供的产品以供消费，提供的流通服务以出售庄园的农产品。而且，从城市收取的土地税金也是他们可观的财政来源。

在封建领地上受苦的隶农非常羡慕城市里的自由，开始私自弃地逃亡，领主们无计可施，最终与需要劳动力的城市当局达成了一种双方认为妥当的规则：一位逃亡的隶农如果在城市里干满了一年零一天而躲过了领主的抓捕，就自动取得了市民的身份，摆脱了对领主的种种义务。这个规则其实对领主们是"不公平"的，但他们又有什么办法？

领主们当然不甘心，当矛盾发展到不可收拾时，就诉诸武力。但好不容易才摆脱了对原领主人身依附关系的市民可不是好惹的，他们自进入城市以后，就已经开始走南闯北，见多识广，交游广泛，不再像以前当隶农时那么顺从了。如今又有了城墙和足够的炮兵，有了行会组织和市政当局的领导，当然会奋起反抗。15世纪意大利人马基雅维利在《君王论》中描述中世纪德意志地区的城市说："德国的城市是绝对的自由，它们只有很少的乡土环绕着，它们要服从神圣罗马帝国的皇帝时就服从他，要不服从就不服从，也不害怕他或其他在旁的封建领主。它们如此这般的设防，任何人都知道要征服它们，必是相当麻烦而困难的事。它们都有必要的堡垒与壕沟，足够的炮兵，并且在库房里经常储藏足够一年的食物、饮料和燃料。"最终，大多数工商城市与领主都默认了一个共识，市民即最初的资产阶级获得了一定的自治权，领主则定期向城市征税。

工商城市的萌芽为建筑带来了发展的契机，首先是提供了资金的基础，同时或许还更为重要的是提供了建造的需要。为了凝聚市民的共识，沟通感情，以及供公众聚会商议大事的实际要求，体量巨大而显著的建筑，就既是一个场所，也是一种标志了。由于当时的主流意识形态还是基督教，这些建筑中最重要的也还是教堂。于是，正在初级发展状态的城市中，兴起了建造教堂的潮流。当然，教会、国王和领主，也会为了各自的需要，在各地建造教堂。

值得一提的是公元10世纪以后开始的十字军东征也对工商城市的发展，客观上起到了促进作用。

采取哥特建筑形式的城市教堂就在这样一个复杂的社会环境下产生了，一方面，它的宗教气息是如此强烈，弥漫着一片神性的迷狂，透露出那么浓重的神本文化的氛围；另一方面，它又寄托了处于发展状态的市民阶级的一片世俗激情，暗含着深刻的人本文化的内涵。实际上，市民们尽其全力去建造教堂，与其说是为了弘扬宗教，不如说更是以建筑的宏伟来显示城市的骄傲和行会的实力，就像商业广告一样，可以有助于向别的城市、教廷、国王和领主招揽到更多的订单。城市教堂在当时还起到了市政厅的作用，世俗的和宗教的集会、狂欢节、市民婚礼及其他种种公共活动，都是在教堂或教堂前的广场上举行的。神本文化与人本文化就这样掺杂在一起，构成了一幅奇妙的景象。

西方城市面貌

欧洲城市通常都围绕一座或几座有市民公共活动中心性质的教堂发展，呈放射状地布置蛛网式的路网。街道自由曲折，呈放射状自发地伸展。城市外围形状一般也不规则，商店、作坊满布全城，面向大街。

欧洲现存古城，面貌大都形成于哥特时期。由于人口密集，用地有限，城市住宅都采用楼房，加上屋顶阁楼，多为四、五层，都以山面即窄面临向街道，密密地排列着。底层是店铺，上层是住房。北方森林资源丰富，住宅多为木结构，构架露明，深色，突显在白色或浅色墙面上。北欧冬天雪大，屋顶坡度也较大，屋顶内的阁楼有时不止一层。较晚，先在公共建筑，后来也在住宅上采用了砖石建造，仍然以山面朝向街道。木结构的、砖石的，还有近现代以来仍以山墙朝街采用钢筋混凝土结构的，相映成趣。这里举出一些图片，可略窥其面貌（图08-04、05、06）。

随着城市行政管理工作的复杂化，中世纪时，欧洲出现了市政厅，处理公共事务，协调各行业关系，举行会议，有时还可用于私人庆典，大多也带有哥特建筑的风味。市

图08-04 德国法兰克福城市面貌（萧默 摄）

图 08-05 欧洲城市面貌

图 08-06 欧洲城市面貌

政厅多是由行会大楼转化来的，规模不小，还要表现气派，当然不能三面临街，一般是将大厦的长向面作为正立面，面向街道，在立面正中通常都立着一座高高尖尖的哥特式塔，有时用花玻璃窗。市政厅前经常都有一座广场。威尼斯圣马可广场总督府、比利时布鲁塞尔市政厅、德国汉堡市政厅及其他国家的此类建筑，大致都是这样（图08-07、08、09、10、11）。比利时布鲁日市政厅中央大塔高达85米。比利时伊普雷交易所建筑于1201年，100年后才建成，正面长达130米，中塔高达100米，是最大的哥特式世俗建筑（图08-12）。比利时安特卫普市政厅建得较晚，建于1561年，此时已到文艺复兴延续期，却仍以长向面朝向街

图08-07 从威尼斯大运河望北岸总督府及圣马可广场上的钟塔（选自《人类文明史图鉴》）

图 08-08 比利时布鲁塞尔市政厅（选自《世界文化与自然遗产》）

图 08-09 德国汉堡市政厅（选自《西方建筑名作》）

图 08-10 建于中世纪的欧洲市政厅

图 08-11 建于中世纪的欧洲市政厅

图 08-13 比利时安特卫普市政厅（选自《世界建筑百图》）

图 08-12 比利时伊普雷交易所大厦（选自《全彩西方建筑艺术》）

道。立面正中虽不是尖塔，却也高高耸起，中高边低，两端立小方尖碑，成为构图中心。横楼四层，底层较低，作基座层处理；顶层也不高，作为檐下结束层；中部两层较高，共同结合为立面主体。总体似乎是古典柱式的基座、柱身和檐部的组合。这些手法，已经是文艺复兴式的了。全楼覆盖陡峻的四坡顶，有许多阁楼老虎窗，两端突起烟囱（图 08-13）。

从中国和西方城市发展的根据、过程和面貌，我们是不是可以多少体会到"建筑是人类文化的纪念碑"这句话的含义呢？

九 >> 　　　　　　中国独擅的环境艺术

　　中国古无"环境艺术"一词，似乎是近年从国外传入的。环境艺术有不同的含义。一种大致是指铺陈在室外很大场地上的某种装置，例如，缝起一张大布把一座铁桥整个包起来，或者在一片极大的山坡地上布置无数把红伞之类。这种艺术也称大地艺术，属于所谓先锋艺术，与我们现在所谈的完全没有关系。多年来还有一种用法，见于国内，多仅指室内设计，重点在美化装饰，应是一种误读。

　　其实环境艺术的关注对象包括室内，也包括室外，主要是室外，不仅具有美化装饰的作用，主要是指创造出一种环境氛围，渲染出某种思想意境，能动地陶冶人们的性情，激起感情上的波涛，并由情感进至情理，使人得到教益。在古代，宫殿的威严壮丽，古刹的深邃宁静，园林的高雅亲切，国家性纪念广场的庄重开朗以及陵墓环境的严肃静穆等，都体现了环境艺术的目的性。

"环境艺术"概念

　　环境艺术其实是一种观念，一种方法，并不指某种创作对象，或某种独立的艺术品种。只要是运用了这种观念和方法设计出的作品，就是环境艺术作品。这种观念或方法的侧重点就是综合运用一切因素，而不只是强调运用建筑手段来完成创作。如果把这种观念或方法用来分析以前各章谈论过的课题如形体、内部空间和外部空间的创造，也未尝不可，事实上，在以前谈论过的例证尤其是中国例证中，就广泛运用了环境艺术的方法，如北京宫殿（如景山之设，肯定有着环境艺术的考虑）和整个北京城、中国的皇家园林和私家园林，以及中国民居……只不过我们没有从环境艺术的角度加以强调而已。下面，我们将补充一些前些章节中较少提及的几种类型如佛塔、陵墓和佛寺等来论述它。也希望能给读者留下一个关于建筑的较全面的印象。

需要说明，由于篇幅的限制，有关内部或外部空间环境艺术创作，本章不再深入，而将关注点放在更大的空间领域如一座佛塔的性格特征，一座佛寺的空间构图、一群陵墓的布局等。

比较中国和西方，实际上，环境艺术在中国早已有之，而且水平很高，发展十分成熟，遥遥领先于西方，这可能是由于中国人特别擅长的辩证的、宏观的、综合的思辩方式所促成。

环境艺术是一个融时间、空间、自然、社会和各相关艺术门类于一体的综合艺术，是一个各种要素融为一体的系统工程。在环境艺术中，建筑就不能只是完善自己，还要从系统的概念出发，充分发挥自然环境（自然物的形、体、光、色、声、臭）、人文环境（历史、乡土、民俗）以及环境雕塑、环境绘画、工艺美术（家具、陈设）、书法和文学的作用，统率并协调各种因素。

环境艺术可以用几个"结合"来概括，即自然环境与人工艺术创造的结合、物境与人文的结合、局部与整体、小与大、内与外的结合、空间与时间的结合、表现与再现的结合等。

自在地存在着的自然环境本身就具有独立的审美意义："大漠孤烟直，长河落日圆"的壮阔，"明月松间照，清泉石上流"的静寂，"绿树村边合，青山郭外斜"的纯朴，都给人以丰富的美的享受。环境中的自然，常不仅是自然物的体、形和色，还包括自然物的声和香。龙吟细细，凤尾森森，潇潇春雨，潺潺秋溪，蝉噪蛩鸣，莺歌燕舞，以及荷风馥郁，桂子飘香，都可以而且应该纳入环境艺术的综合体中。

环境艺术以自然环境的存在为前提，或者只是对自然进行的加工提炼，更普遍的则是在对自然加工的同时又加进了人工的艺术品，是自然美和艺术美的有机结合。

在环境艺术中的人工艺术作品最主要的当属建筑，此外还有与建筑共存的环境雕塑、环境绘画、工艺美术与书法篆刻。中国古代还特别重视把文学也融入其中，如楹联上的诗句，匾额上的标题与颂语等。

这些人工作品，除了每个单体自身都应具有艺术品的资格和单体与单体之间必须具有的和谐外，又全都应与所处的自然有密切无间的融合，这在中国园林里体现得尤为鲜明。自然与人工，声通气贯，融就一团诗境。在中国古代陵墓中，也有很好的范例。

环境艺术还应该考虑到与所在地域的人文条件的结合，把该地域民族的和乡土的文化因素，历史文脉的延续性、民情风俗、神话传说等，都融化进环境总体中来。这就使得这个后来设就的物化环境，仿佛本来就是原有的人文环境中一个天造地设般的不可或缺的部分，使人为的创造更具历史延续性的品质，更具风采，更富魅力。

局部与整体、小与大、内与外的结合是一个空间概念上的一体化结合问题。在一个规模颇大的环境界面内，存在着许多层次的局部与整体、小与大、内与外的空间对应关系。在成功的环境艺术作品中，每一局部在全局中都有自己明确的合乎自己身份与尺度的适宜地位，创作时，就应从大处着眼，小处着手，胸有成竹，笔不妄下。有的局部应该强调，有的只能一般对待，有的还得甘当配角，各就其位，演好自己的角色。

环境层层相续，流转无尽，实际上并不存在什么绝对的界面。所以，就某一环境整体而言，它与它以外的原有"大环境"之间也有一个局部和整体的关系，使环境艺术具有了空间的广延性。它"镶嵌"在大环境中，也应该严丝合缝，不露雕琢，使新造的环境也仿佛是原有大环境中的一个天造地设般的不可或缺的部分。当"大环境"不甚可取时，就用上了《园冶》中的一句话："俗则屏之，嘉则收之。"对之加以选择。

历史的延续性和空间的广延性对于具体的环境艺术工作来说，实际是结合在一起的，在中国古代的环境艺术作品中常有很优秀的范例。

所有自然的与人工的构成因素，被融合成一体化的空间形象以后，就已经不止是自己了，更为本质的是这些二维的、三维的空间已被纳入于随时间的流程而依次出现的空间——时间序列中去了。在序列中，它们交替地成为环境中某一局部的感受中心，发出不同的形象信息，激发出不同的感情火花，被环境艺术家匠心独运地缀合成一条长链，闪动着，跳跃着，于是就整条规整的序列而言，就有了引导、铺垫、激发、高潮、收束和尾声的依次出现，跌宕起伏若行云流水，显现着交响诗般的韵律与和谐。对于非规整的环境，这种韵律还可以是交错的、互补的、众多的构成要素互相嵌插在一起，交相辉映。中国古典园林就是不规整的空间——时间序列，穿插隐显，呈交错的状态，其处理的难度，可能比规整的序列更有过之。

所以，环境艺术虽然并不排斥对于各构成要素的静态的可望，更加着重的却是对于全序列的动态的可游。总之，环境艺术不是单纯的空间艺术，也不是单纯的时间艺术，而是空间与时间的结合。

环境艺术既然是由多种艺术形式组合成的综合体，必然也就是表现性艺术和再现性艺术的结合，前者如建筑、某些工艺美术、书法及抽象绘画和抽象雕塑，后者有写实性绘画和写实性雕塑，以及富于绘画性和雕塑性的工艺美术。再现性艺术对于整体应该起到帮助点化主题，引导联想方向的作用。但从本质而言，环境艺术与建筑艺术一样，都是以表现为其根本的。

环境艺术一方面超出了低层次的环境美化，可以表现出某种有预定指向的目的性或称之为思想主题，创作时以情入景，体味时触景生情，可能上升到真正艺术的层次；另一方面，环境艺术虽然有某种预定指向的目的性，但它主要是通过环境序列中的氛围、意境或情趣所引发的感情及感情记忆、感情积累烘托出来的，它的旨趣也就必然是朦胧的、模糊的、抽象的，不可能具有像小说、论文甚至口号的指向性那样的确定不移和具体。它予人以教益的方式，重在陶冶和潜移默化。

以上是从比较全面的角度对环境艺术的概括，所以，一位合格的建筑师也就应该是一位环境艺术家，至少具有从环境艺术的角度宏观地驾驭作品全局的能力。至于某些更专业更具体的环境艺术作品，则在交待了总体要求以后，由更专业的各门类艺术家分工完成。

佛塔

华北的塔，雄健浑厚，若燕赵壮士作易水悲歌；江南的塔，秀丽轻灵，似姑苏秀女唱江南竹枝，实在就是"胡马秋风塞北"与"杏花春雨江南"意境的外化。

可以举山西应县木塔和上海龙华塔为代表。

应县木塔（图 09-01）即辽佛宫寺释迦塔（1056 年）。平面八角，外观五层，底层扩出一重"副阶"（围绕主体而建的一周外廊），也有屋檐，组成重檐，所以共有六重屋檐。总高达 67.3 米，是现存世界最高木结构建筑。以上四层每层之下都有一个暗层，所以结构实为九层，暗层的外观是平坐。各层相应于下层的外壁和内壁，有内外两圈柱子，构成双层套筒。外圈二十四棵檐柱，每面三间，二层以上四正面为门窗，四斜面原为墙，墙内有斜撑，后也改为门窗。塔外各层平座以斗栱挑出，沿平座边缘设勾栏。各层檐柱和其下的平座檐柱在一条直线上，但比下一层檐柱略退进，各柱又微向内倾斜，形成下大上小的稳定体形。底层完全不开窗的外墙、副阶的增出和重檐，都加强了全塔的稳定感。

图 09-01 山西应县木塔

全塔比例敦厚壮硕，虽高峻而不失凝重。各层塔檐基本平直，仅微微显出角翘。上下各层的檐端连线也呈微曲状，绝不僵直。它的平座层在造型上特别重要，以其水平横向与腰檐协调，与塔身对比；又以其材料、色彩和处理手法与腰檐对比，与塔身协调，是腰檐和塔身的必要过渡。平座、塔身、腰檐重叠而上，区隔分明，交代清晰，明确了层数，强调了节奏。凸出在外的平座更大大丰富了塔的轮廓线。平座又增加了横向线条。六层屋檐、四层平座和两层台基共有多达十二条水平带，与大地呼应相亲，使木塔稳稳当当地坐落在大地上，不过于突兀，平实而含蓄。塔可登临，极目远眺，身心也随之融合在自然之中。

　　雄浑深沉的释迦塔令人肃然起敬。北方的塔如唐长安慈恩寺塔（大雁塔）、定县开元寺塔、拜林左旗庆州白塔，都与应县木塔的气质相近（图09-02、03、04）。

　　北宋龙华寺塔（977年重建）在上海龙华寺前，七级，连塔刹高40米余，八角，单层套筒。各檐和平座都经过重修，除檐角特别高举为明清江南风格外，大体仍保持了原貌。塔身每面各三间，每层有四面的当心间为门洞，开门方向

图 09-02 唐长安慈恩寺塔（萧默 绘）

图 09-03 河北定县开元寺塔（罗哲文 摄）

图 09-04 内蒙拜林左旗庆州白塔（罗哲文 摄）

各层相错，内部方室也随之错转 45°。另四面当心间为砖砌假直棂窗。与佛宫寺释迦塔相比，龙华寺塔细高，塔刹更挺然高举，约当全塔高的五分之一，以八条铁链与各角相连，更显高峻。

龙华塔清丽玲珑，秀美可爱，与"小桥流水人家"的江南风物颇相和谐。其他江南各塔如苏州罗汉院双塔、松江方塔、杭州六和塔（指梁思成先生的复原图），都有与龙华塔相近的气质（图 09-05、06）。

起敬和可爱，显然是两种不同的感受，肯定不是由单纯的地理因素或单纯的经济因素决定的，正是地域文化整体差异的表现。这两座塔，可以说是南北建筑风格的典型代表，同属中国建筑艺术史上最优秀的作品之列。如果我们再联想到江南丝竹、戏曲、民歌所传达的令人柔肠寸断的儿女衷情与华北同类艺术所表现的激昂高亢的家国兴亡和忠奸大义，我们的感受就会更加生动。

这两类塔，从文化角度而言，是地域文化的自然化出；从设计者而言，则是将"大环境"的观念自觉融合到了作品之中。

而不论南北，中国佛塔都弥漫着一种世俗的感情，虽具有总体高耸的体型，嵌插在蓝天中，但不像哥特尖塔那样的一味强调升腾，那层层水平塔檐大大削弱了垂直的动势，使升腾时时回顾大地。

中国北方还多有一种密檐式塔，以层层密檐象征"相轮"，同样具有时时返顾大地的意象，著名作品最早是河南登封北魏嵩岳寺塔，唐代则有登封法王寺塔、云南大理崇圣寺双塔，辽代如北京天宁寺塔、北京银山塔林等（图09-07、08、09）。

在中国佛教早期，塔属于寺，哪里有佛寺就在哪里建造佛塔，塔随寺造。到后来，塔与寺的关系比较宽松了，塔、寺不一定同时同地出现。明清时期，佛塔的建造更为自由，有时是寺随塔造，有时有塔无寺。塔的宗教性也淡化了，其景观意义则更为加强，环境选址问题更加突现。多是选址于高处或显要处，如城中高地、城近郊视线可及的山上，或流经城市河流近城的上游或下游，成

图 09-05 上海龙华塔（萧默 摄）

图 09-06 杭州六和塔复原图（中国营造学社 复原并绘）

图 09-07 唐长安荐福寺小雁塔
（罗哲文 摄）

图 09-08 河南登封法王寺塔（罗
哲文 摄）

图 09-09 北京银山塔林（萧默 摄）

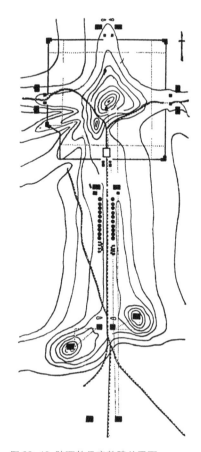

图 09-10 陕西乾县唐乾陵总平面
（选自《中国古代建筑史》）

图 09-11 唐乾陵（楼庆西 摄）

为从异乡来城的旅人首先见到的标志性建筑。

陵墓

陵墓尤其是采取集团布局者，更是环境艺术观念的鲜明体现。

唐"关中十八陵"大都"依山为陵"，以圆形孤山穿石成坟，其气势磅礴，较之人工起坟，甚或过之。北面群山起伏，作为背景，南与终南、太白遥相对望，渭水远横于前，泾水萦绕其间，近则一带平川，广原寂寂，黍苗离离，衬托出陵山主峰的高显。神道两侧列置土阙和许多石刻，丰富了陵区内容，扩大了陵区的控制空间，对比出陵丘的高大，对于渲染尊严和崇高的气氛起了很大作用。唐乾陵是其典型代表（图09-10、11）。

明十三陵在北京天寿山下，山岭逶迤如马蹄向南敞开。在马蹄最北中央，山麓下建明成祖长陵。长陵之南6公里是马蹄形敞口处，有两座东西对峙的小山头，陵道即以此为起点。陵道上也排列许多建筑和石刻。由于马蹄形山岭的东岭较低，陵道走向偏于东侧，使人们经由透视可以得到东西大致均衡的观感，总体气势也十分壮阔。除长陵外，其余十二座陵墓都分散在马蹄形两翼，面向公共神道（图09-

图 09-12 清代绘画:明十三陵图（首都博物馆）　图 09-13 明十三陵大红门（王其亨 摄）

图 09-14 明十三陵石牌坊（萧默 摄）

图 09-15 明十三陵大碑亭（刘大可 摄）　图 09-16 明十三陵神道棂星门（萧默 摄）

图 09-17 明十三陵神道（选自《中国建筑艺术史》）

图 09-18 明十三陵长陵鸟瞰（高宏 摄）

图 09-19 长陵祾恩殿（楼庆西 摄）

12～20）。

中国陵墓，十分注意"风水"，所谓"风水学"，很大程度上也包含有环境艺术学的内容（图09-21）。

图 09-20 长陵二柱门与方城明楼（萧默 摄）

佛寺

在第一节中我们已介绍了辽宋时期的一些佛殿建筑，从现存明清佛寺看来，佛寺实际上有两种，布局也有不同。一种多为敕建大寺，多在城市，地势前低后高。布局特点是多分左中右三路。中路最宽，总体规整对称，左右二路较为自由；前中后三段，中段最长。主殿大雄宝殿居中路中段，前有三门、金刚殿、天王殿为引导，后有后殿为延续，最后以楼阁（藏经楼或殿阁）结束。轴线左右以钟楼、鼓楼、配殿有时再加上廊庑围合。

此处可举北京碧云寺为代表，不过此寺在寺后加建了一座形象突出的金刚宝座塔，与一般寺院不同（图09-22、23、24）。

与西方比较，中国的宗教建筑并不注重表现人心中的宗教狂热，而重在"再现"彼岸世界那种精神的宁静和平安。佛国并非超然物外，渺不可寻，而是一切普通善行的必然报答，是辛苦恣睢的生命历程之自然归宿，是善良人生的一个肯定的构成。没有狂热，没有神秘，

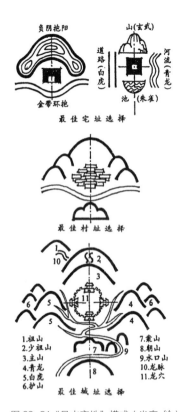

图 09-21 "风水宝地"模式（尚廓 绘）

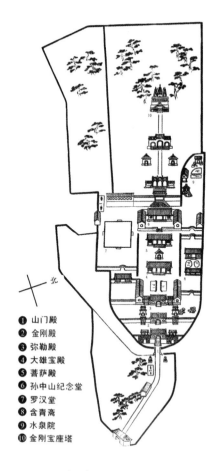

图 09-22 碧云寺总平面

❶ 山门殿
❷ 金刚殿
❸ 弥勒殿
❹ 大雄宝殿
❺ 菩萨殿
❻ 孙中山纪念堂
❼ 罗汉堂
❽ 含青斋
❾ 水泉院
❿ 金刚宝座塔

有的只是冷静的虔诚。禅宗更是主张在个人的内心中去寻找解脱，深山养息，面壁打坐，寻找平和与宁静。所以，中国佛寺的形象无需他求，实际就是住宅的扩大或皇宫的缩小。

另一种为散布于名山胜境中的民间佛寺，对于包括寺外大自然在内的大环境有更多的关注。

中国传统建筑，不只是尽意于一个院落、一座殿堂，乃至一栋一楹、一花一石的微观经营，同时也俯瞰万物，品察群生，精心于更大范围的宏观规划，使人工的建筑与大自然紧密融合起来，形成一个有机的环境。这个"环境"并不仅限于建筑的周围，而是放眼于全部相关区域——一座山、一座城、一条峡谷或一座小岛。这是中国建筑的优秀传统之一，是中国人尊崇自然并特别擅长以辩证的观念来驾驭全局这一卓越智慧的生动表现。故古人在山林胜境中建造寺观，并不只是把它们当作一个个孤立的、静止的对象来看待，而是放眼全山，把山中所有寺观都当成是纵游全山的动态过程中的一些有机的环节。它们互相照应，组成丰富的"系列"，有抑扬，有起伏，有铺垫，有高潮，有收束，从而将看似散漫无状的各"点"串成严密的整体。同时，各寺也与其所处环境存在有机的默契。

镇江金山寺在长江南岸，寺后一塔

图 09-23 碧云寺大雄宝殿释迦佛群像（萧默 摄）

图 09-24 碧云寺石牌坊（萧默 摄）

选址极好。塔在南北向山脊线北端，接近长江，与山脊线南部地势高起也取得势态上的均衡（图 09-25）。

　　四川青城山在成都附近，是道教的发祥地，以"青城天下幽"闻名于世。山最高处海拔 1300 余米，上山下山各约 30 里，行程至少需要一天。现存全山较有规模的道观

图 09-25 镇江金山寺（萧默 绘）

共六处，均匀分布在上山下山途中，其中，三组大、中型建筑群是重点中的高潮。在各观之间还均匀分布着一些小建筑点，每当一段陡阶的尽头，大抵都会有一些亭、阁、廊、桥出现，供人小憩畅观。全山道上可谓一里一亭，三里一站，十里之内必有住处。

　　青城山圆明宫南依山坡，北临沟壑，坐南向北，以前方隔沟一座小山为对景。建筑大多依等高线布置，后高前低，虽有纵轴而略有转折，顺纵轴安排的庭院和殿宇也只是大致对中。左右次要建筑如食堂、客寮等都灵活布设。最值得称道的是山门的处理，因宫前即为沟崖，故山门不能放在纵轴前端而置于全宫的左前角（西北角），以书有"圆明宫"三字的大照壁面临山道，以突出入口，再以狭长的楠木林道引导进入宫内（图 09-26、27）。

　　四川峨嵋山以"峨嵋天下秀"的自然景色和佛教胜地闻名，传为普贤菩萨的道场，全盛时有寺庙一百余处并有少数道观。现存寺庙十余处，也均匀分布在山道上，往往是三五里一小站，二三十里一大站，为旅人提供观照自然美和

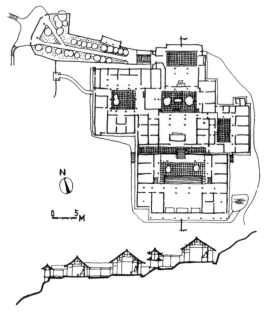

图 09-26 青城山圆明宫平面、剖面图（李维信 绘）

图 09-27 青城山圆明宫二宫门（选自《四川古建筑》）

驻足的条件。

峨嵋山清音阁一组建筑的选址十分典型。它位于名为白龙江、黑龙江两条山溪的交汇处，前临山谷，背负巨山，左右隔小溪是逶迤的山岭。由后至前，自高而低建筑了大雄宝殿、双飞亭和牛心亭。牛心亭前就是二溪交汇点，奔腾的山溪冲激着交点处的牛心石，发出巨大的声响，很远就能听见。双飞亭坐落在几条山道的交点处，西通下山道可至报国寺，东通万年寺，北面在大雄宝殿前略折向北上山，可通洪椿坪。亭很大，两层，上下完全开敞，是休息和凭眺的好地方，仿佛是在告诉人们，这里有值得流连的景色，不必匆匆而过。双飞亭下俯牛心亭，上仰大雄殿，增加了全组建筑的纵深层次（图09-28、29）。

所有这些寺观以其不同于山野自然景致的人工创作，给自然加上了人的尺度和人的情趣，成为被观赏的对象。

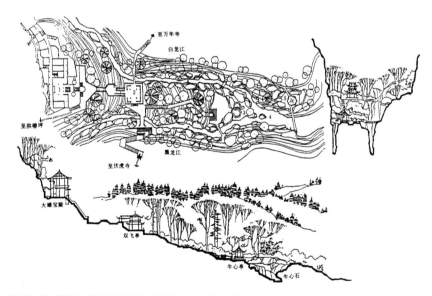

图09-28 峨嵋山清音阁总平面及剖面图（李道增 等绘）

205

图 09-29 峨嵋山清音阁牛心亭（楼庆西 摄）

　　安徽白岳山（又名齐云山）为道教名山，以太素宫为山上诸观之首，选址极好。宫后倚玉屏峰，左右有钟峰、鼓峰作伴，宫前隔深壑面对香炉峰，其峰顶的亭子是太素宫的对景，按风水相地用语称为"案"。越过香炉峰极目远望，可遥见黄山三十六峰，其天都、莲花诸峰皆历历可指，即风水所谓的"朝"。有时一片烟云飘过，其霏霏凄迷之象，最为动人（图 09-30）。

　　山西五台山是中国四大佛教名山之一，传为文殊道场，山中有许多寺院，台怀镇更为集中。因其靠近北京，属北京风格，大都由皇帝敕建，多为官式。

　　台怀镇的塔院寺及其北的显通寺很有特点，虽然都是坐北向南规整对称的格局，但因受风水之说的影响，结合地形，也有一些活泼生动的处理。塔院寺的北面和西面高起山峰，故在东南方建望海楼突兀而起（图 09-31）。显通寺也同样，在东南也有高起的钟楼，从大环境看，都取得了总体气势的均衡；从寺院本身来说，则打破了一味对称的构图，取得活泼的效果。它们又都在从东边进入寺院的主要道路上，起了作为寺院的前奏和标志的作用。从远处眺望，以塔院寺的白塔为中心，构成轮廓起伏，变化有趣的美丽画面（图09-32）。

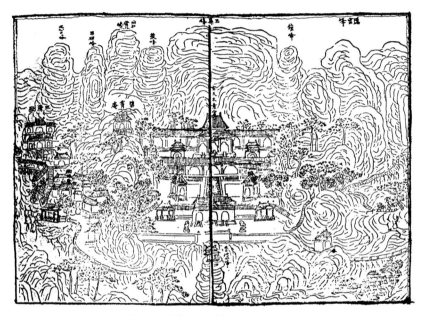

图 09-30 安徽齐云山太素宫（选自《齐云山志》）

图 09-31 五台山台怀镇塔院寺望　图 09-32 显通寺东南入口钟楼（萧默　摄）
海楼（萧默　摄）

山西浑源悬空寺是另一个重要的例子，因"悬挂"在恒山峡谷坐东面西的巨大悬崖上得名。悬空寺创自北魏，现存建筑为明代重建，曾经多次重修。崖壁上附贴着三十多座楼阁殿堂，连以栈道，大多由木柱支撑，少数有砖台承托，与崖面垂直的水平构件后尾均插入崖内。寺院高悬在半空，惊险奇绝，故名"悬空"。自北侧筑石阶通寺门，始入尚宽，愈行愈窄，总平面呈楔形。立面则高低错落，完全自由布置，南端以一座三层楼阁作全寺的结束。悬空寺建筑有意采用缩小了的尺度，体量甚小，伸手可及梁架，但总体轮廓丰富，是以其小巧奇诡与巨崖形成强烈对比而取胜。若反之一味追求宏大，在高达百余米的巨崖对比之下，必致劳而无功（图 09-33）。

普陀山是浙江宁波市以东海中的一座小岛，传为观音

图 09-33 山西浑源悬空寺（李志平 摄）

菩萨的道场。

　　法雨寺在岛的东岸，北、西两面皆山，地势高起；东、南两面濒海，地势低下。为使全寺高低势态得以均衡，也在全寺东南部建起高大的钟楼，并兼为山门。入口在寺前偏东，先过石牌坊，再向北跨越架在横长水池上的石桥，进入曲折坡道。坡道两边砌墙，挡住视线，引人前行几经转折到达钟楼。从楼下南门入内再转西，通到一座颇大的广场，广场南有大照壁，北即天王殿，再北沿中轴布置五重殿宇，视线方豁然开朗（图09-34～37）。

图09-34 法雨寺入口系列之一（萧默 摄）

图 09-35 法雨寺入口系列之二（萧默 摄）

图 09-36 法雨寺入口系列之三（萧默 摄）

图 09-37 法雨寺侧影（萧默 摄）

　　以两边筑有墙垣的甬道引人进入的做法，在各地寺庙中经常可以见到，就像天安门广场的千步廊一样，既是一种含蓄，也是心理转化过程所需要。

　　上举诸例重点在于与大环境的照应，其实，不论中环境还是小环境，优秀的环境艺术作品无不存在着这种细致入微的考虑。在中国各时代各地方，这种情况处处可见，可以举出无数的例子。相对于中国来说，西方建筑之环境艺术考虑和处理水平，不得不瞠乎其后了。

十 >>　　　　从近代到当代

近代以来，全球化的速度加快了，而且越来越快，世界各国各民族的文化加速交流，出现了文化同质化倾向。但同时，几千年来在世界各地形成的文化传统并没有终结，不但被继承着而且可能还有所发展，文化异质化倾向同时存在。探讨一下近代以来世界建筑文化的发展进程，回顾一下中国的脚步，应该是有趣的课题。

现代建筑的萌芽

18 世纪 60 年代，首先在英国开始的产业革命，借 1781 年英国人瓦特发明蒸汽机并开始采用而得以发展。此前此后，1642 年的英国大革命和 1789 年的法国大革命都是资产阶级反对封建主义的社会革命（此前几年，美国独立），推翻封建制度，建立了资产阶级政权。到了 19 世纪下半叶，在第二次产业革命中又发明了发电机、电动机、电话、电灯、内燃汽车和飞机，生产力大大提高，法国、德国和美国相继完成了产业革命，资本主义蓬勃发展。

建筑的现代主义革命也开始萌芽了，说来奇怪，它的第一和第二声号炮却都不是建筑师打响的，而是由一位英国花匠派克斯顿和法国工程师埃菲尔点燃的。前者设计建成了第一届世界博览会场馆伦敦"水晶宫"（1851 年），后者设计了另一届世界博览会的标志巴黎铁塔（1889 年）。其特点是不再采用费工耗时又昂贵的石头材料，而改成能够预制安装，施工速度很快的钢铁（图 10-01、02）。

这两座建筑的胜利，其意义不只限于这件事本身，显然，它对于建筑艺术的保守思想是一次巨大的冲击，证明了建筑艺术应该随时代而前进。

果然，在第一次世界大战（1914 ~ 1918 年）前后，欧洲开始了名目繁多的新建筑探索运动，如英国的"手工艺运动"、比利时的"新艺术运动"、奥地利的"分离派"、德国的表现主义和"德意志制造联盟"。此外，意大利的未来主义、法国的立体主义、荷兰的风格派、俄国的构成派和西班牙建筑师戈地等，也都在作着各种探索。从西方开始，逐渐发展到全球，一次前所未有的伟大的建筑革命开始了。

现代主义建筑

从德意志制造联盟继续下来的包豪斯学派后来居上，是真正触及到现代建筑实质性内容的成熟的建筑运动。以第一次世界大战结束为标志，现代主义建筑正式出现。现代主义的总特点是更加重视功能问题的合理解决和强调冷静地理性地面对创作，所以又被称为"功能主义"或"理性主义"。公认的现代主义代表人物有四位大师，即德国的格罗庇乌斯（1883 ~ 1969 年）、法国的柯布西耶（1887 ~ 1965 年）、德国的密斯·凡·德路（1886 ~ 1970 年）和美国的莱特（1869 ~ 1959 年）。

包豪斯是 1919 年由格罗庇乌斯创办的一所建筑工艺学校的名字，1926 年，在德国德绍建成了由格罗庇乌斯设计的新校舍是包豪斯学派的代表作。

校舍总平面像一个三叶风车，三个主要部分——四层教学楼、六层学生宿舍楼和四层附属职业学校分设在三个

图 10-01 伦敦水晶宫（选自《世界著名建筑全集》）

图 10-02 巴黎艾菲尔铁塔

叶片上。以礼堂、饭厅连结教学楼和宿舍，以过街楼及上面的办公室连结教学楼和附属学校。设计者首先从功能出发来布置它们的关系，同时综合解决建筑艺术问题，它与复古主义的设计程序——先预定一个传统的、一般总是对称的形象，再在里面填塞各种用途的房间——完全不同，被称为"由内而外"和"功能决定形式"的设计方法，或称为"国际式"。并充分利用了混凝土、玻璃等新材料和框架结构等提供的全新的可能性，采用简洁的平顶、大片抹灰墙和玻璃窗，摒除多余的装饰，建筑显现出清新、明洁、朴素的现代风格（图 10-03）。

巴黎萨伏依别墅（1928 年）由柯布西耶设计。

别墅平面几乎是一个正方形，三层，外观简洁得到了头：几棵细圆柱支承着一个白盒子。但内部空间却出人意料的丰富：底层架空，其内安置门厅、车库、楼梯和斜坡道；二层有一个大起居室，一个同样大的露天起居室和与之相

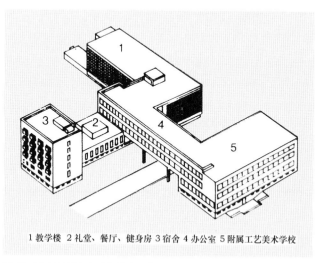

1 教学楼　2 礼堂、餐厅、健身房　3 宿舍　4 办公室　5 附属工艺美术学校

图 10-03 德国德绍包豪斯校舍（萧默 绘）

图 10-04 巴黎萨伏依别墅（选自《艺术与建筑中的现代主义》）

通的半开敞休息空间，几间卧室和厨房；顶层大部分是屋顶花园（图 10-04）。

柯布西耶的前期倾向于建筑理性主义，主张清晰和纯净，推出"房屋是居住的机器"的惊人口号。

西班牙巴塞罗那世界博览会德国馆（1939 年）规模不大、十分简单，却是国际风格的又一典范，是密斯·凡·德路的杰作。

主馆由 8 根细细的十字形钢柱支承着一块 24×14（米）的屋面板，柱网内外有几块大理石、玛瑙石和玻璃光墙片。最右端的外墙伸到屋面以外，围出一个竖向长条小水池。池后端有一座雕像，手臂指向其左的廊道。左部后面是办公室，前面是一个横向大水池。左右之间用一片长墙联系起来。全馆坐落在一个大石座上，除了几张椅子外，厅内几乎空无一物，建筑本身就是唯一的展品（图 10-05、06）。

它的成就首先体现在空间的创造方面：打破了传统的六面体空间概念，出现了一个从未有过的"流通空间"。所有空间都无以名状，界限模糊，互相穿插并渗透到室外。各种构件直接撞接，没有任何过渡和装饰，绝对的简洁，加工却极其精美，实现了密斯年提出的著名格言"少就是多"。这个口号，与维也纳的路斯提出的"装饰就是罪恶"遥相响应，成为现代主义的名言。

　　莱特在美国匹兹堡的流水别墅（1936 年）注重地方性

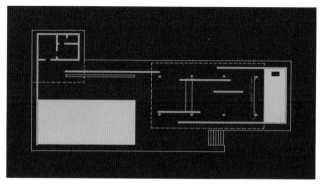

图 10-05 巴塞罗那德国馆平面（萧默 绘）

图 10-06 德国馆一端（萧默 摄）

图 10-07 美国匹兹堡流水别墅（选自《建筑意》第二辑）

图 10-08 芝加哥菲尔德百货批发大厦
（选自《外国近现代建筑史》）

和人与自然、建筑与环境的有机结合，努力体现他提出的"有机建筑论"（图 10-07）。

19 世纪后期的芝加哥学派专门醉心于高层建筑，它们是由于钢筋混凝土和钢结构的发明而得以建成的（图 10-08）。到 20 世纪初，高层建筑已接近 100 米。1931 年纽约建成的帝国大厦高达 102 层，381 米，夺去了高 328 米的埃菲尔铁塔保持了 42 年的世界最高纪录（图 10-09）。又过了 42 年，1973 年建成的纽约世界贸易中心高 110 层，411 米，但只保持了一年的冠军，又为芝加哥西尔斯大厦夺走。它们都是塔式。西尔斯大厦（1974 年）高达 443 米，110 层，由 9 个 22.9 米见方的方筒集束成一个每边 68.7 米的大方筒。越往上方筒越少，最后剩两个方筒至顶（图 10-10）。

高层建筑又称摩天楼，是现代建筑的伟大成就之一，适应了现代城市人口密集

图 10-09 纽约帝国大厦

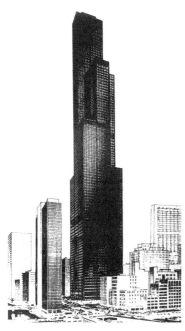

图 10-10 西尔斯大厦（选自《世界建筑》）

用地紧张的需要。由于技术需要和高处风力太大，不能设置阳台，甚至窗子都不能开启，摩天楼的体型都趋向简洁平整，有塔式和板式两种。

一大批摩天楼在世界各国如雨后春笋纷纷出现，干净、利落、挺拔，显现着一片勃勃生机。高层建筑体形简单、表面平整光洁，所以常被称为"方盒子"，是正统现代建筑国际式风格的重要体现者。但高层建筑也给城市带来许多新的问题，在感受上，它的巨大和拥挤使人觉得压抑和格格不入。簇拥在一起的巨大而竖高的体量，造成了许多令人窒息的"人工峡谷"。大风在峡谷里盘旋，鸟儿却再也不见。人们只有高高仰起头，透过"一线天"，才能看到一小片被污染了的天空。清澈而开阔的蓝天白云，早已成了稀有的景象（图 10-11）。

经典现代主义者有意宣扬只要机器般的"功能"和"理性"，排斥传统、人文性和人情的理论，建成了许多"国际式"建筑的千篇一律引起的单调，逐渐引起了人们的反感。历史、乡土、个性、人情，就真的与时代性不能共存？理性和情感必然不能共生？

一位曾在曼哈顿世贸中心 102 层上班的切尔西小姐，甘愿辞去了薪水丰厚的工作，去了新墨西哥州的农场。她说："我一进电梯就会抽筋。"这种拥挤、混乱和缺乏人情味，的确是引人厌烦的。怪不得纽约

图 10-11 纽约曼哈顿摩天楼群

图 10-12 法国朗香教堂（萧默 摄）

图 10-13 纽约肯尼迪机场环球航空公司（TWA）候机楼
（选自《世界著名建筑全集》）

人只要有可能，比如一到周末，总是要举家逃离这座城市，向往着回归自然。

　　敏感地察觉到这种状况的建筑师开始了新的探索。

　　1953 年，柯布西耶在法国的一个偏远乡村建造的朗香教堂，是新探索的较早的和非常成功的作品。这座乡村小教堂形象奇特，墙和屋顶没有一处是平面，都是弯曲的，构成一个极富雕塑感的外观，充满浪漫情调，一切都无以名状，人们很难用横平竖直等传统观念去衡量它，毋宁说它更像是一座中空的抽象雕塑，具有独特的艺术表现力（图 10-12）。

纽约肯尼迪机场环球航空公司候机楼由美国人小沙里宁在 1956 年设计，其外观由几片薄薄的混凝土曲壳构成，具象地表现了一只振翅欲飞的巨鸟，尖尖的头伸向跑道，同样成功利用了混凝土的可能性，创造了一个令人激动的塑性形象（图 10-13 ）。

澳大利亚悉尼歌剧院位于一座半岛上。半岛南接陆地，入口大台阶设在南面，宽达 91 米。剧院下面是作为基座的大平台，里面有许多厅堂。平台上并列着歌剧院和音乐厅，由两组各四片弧面组成屋顶，最高弧尖离地达 67 米。向北临海的一面是大休息厅，可以眺览帆影鸥群。此外，在大平台西南角，另有一座由两片弧面覆盖的餐厅。所有弧面都贴以白瓷砖，平台用桃红色花岗石贴面（图 10-14 ）。

歌剧院自 1956 年开始设计，然而由于结构太过复杂，工期拖了 17 年，造价超出 14 倍，1973 年勉力建成。

评论界有的认为它极端荒唐，也有的赞扬它在造型上的非凡成功，认为它在满足精神要求方面有突出成就；还

图 10-14 澳大利亚悉尼歌剧院

有人称它是一座失败了的建筑，同时又是一座极动人的雕塑。

对于地方和民族传统的怀念，是战后建筑的又一倾向，这在至今仍保留有许多独特的民族习俗的日本表现得更为突出。1964 年日本建筑师丹下健三设计的东京代代木体育馆就是一个例子。

体育馆由一座可容 15000 人的主馆和一座可容 4000 人的球类馆组成，二者在地下由训练馆和办公室连结。主馆两端各立着一根混凝土巨柱，柱下各拖着一条相向弯转的长长的混凝土巨尾，由许多短柱支撑着，尾尖远远伸出，形成两个互相咬合的错位月牙形。相接的部分就是椭圆形体育馆，巨尾就是看台，拖长的尾端在体育馆长轴两端形成两个尖角，正好作为入口。屋顶采用高强钢丝悬索结构，最后的形状与日本古建筑的凹曲面大屋顶颇为神似。主悬索组构成了厚厚的曲线屋脊。球类馆只有一根巨柱，它的尾巴从巨柱拖出后绕柱环成一个圆形，再向外伸出，成为入口（图 10-15）。

丹下反对照抄传统，可贵的是，他所创造的形象既运用了最先进的技术，

图 10-15 东京代代木体育馆（包慕萍 供稿）

完善地解决了功能问题，又没有照搬欧美的模式，仍透露出民族传统的神韵。

代代木体育馆也可以认为是一座具有抽象征意义的作品，那旋转劲韧的平面和体形好像是刚刚凝固了的旋风，拖着曲线长尾的巨柱呈现劲健向上的强烈动势，内部空间也充满了奇妙的力感，令人振奋激动，非常符合体育建筑的性格。

通过非传统的方法组合传统部件——后现代主义建筑

1977 年，一位美国建筑师詹克斯出版《后现代建筑语言》，第一次提出"后现代"这个词语。其实，早在 1966 年，美国建筑师罗伯特·文丘里在《建筑的复杂性和矛盾性》一书中已提出过后现代的理论，反对现代主义"房屋是居住的机器"的口号，针锋相对地提出"建筑是思想的容器"，是"人类生活的精神家园"。针对现代主义者引以为傲的"形式跟从功能"，他们嘲讽地改为"形式跟从惨败"，更提出"形式引起功能""形式启发功能""形式跟从形式"等口号以为对抗。针对现代主义的"少就是多""装饰即罪恶"，后现代则说"少就是少，多才是多"，强调符号和装饰的作用。

针对现代建筑的理性、纯净和秩序，文丘里锋芒毕露地表明，他宁要混杂而不要纯粹，宁要折衷、含混、凌乱而不要洁净、明确和统一。他们要求艺术性、人情味、乡土（说本地话）、大众化。文丘里在 1972 年出了一本《向拉斯维加斯学习》的书，认为美国西部内华达州沙漠里像暴发户般发迹的赌城和歌舞之城拉斯维加斯，包括其赌馆酒楼、华堂歌厅、狭窄的街道、不理会任何"主义"只要吸引眼球的建筑形象，以及霓虹灯、广告牌、快餐店的商标，都体现了大众的喜好（图 10-16）。这本书，反映了后现代主义对大众俚俗文化的肯定。

图 10-16 拉斯维加斯街景一角

特别强调而且也是他们与现代主义的最大区别就是，他们要求传统的复归。但文丘里追求的传统的复归并不是复古，他提出的做法是"通过非传统的方法组合传统部件"，"利用传统部件和适当引进新的部件组成独特的总体"，是一种"隐喻"和"双重译码"（传统与现代或雅与俗）。

　　真正完全贯彻文丘里和詹克斯的激进主张，自己承认也被公认的后现代主义作品并不多，典型的要算是1962年文丘里为其母在费城栗子山建造的母亲住宅、菲利浦·约翰逊1974年设计的纽约电话电报公司大楼（AT&T）、美国人查尔斯·穆尔1978年建于新奥尔良的意大利喷泉广场和美国建筑师格雷夫斯设计的波特兰市政大厦（1982年）了。在这些作品里，人们可以看到大量传统的"隐喻"和现代与传统的"双重译码"（图10-17、18、19、20）。

　　意大利喷泉广场可以作为后现代主义的代表。广场建在美国新奥尔良城意大利社区，是当地意大利团体举行庆典活动的场所。广场中央一座圆形水池内有一个长24米由

图10-17 美国费城栗子山"母亲住宅"（选自《现代西方建筑故事》）

图 10-18 纽约电话电报大楼（选自《建筑意》第六辑）

图 10-19 美国新奥尔良意大利喷泉广场（顾孟潮 供稿）

图 10-20 波特兰市政大厦设计图（选自《世界建筑杂志》）

石头铺成的意大利地图（因为新奥尔良的意大利移民主要来自西西里，就将西西里放在水池的圆心处）。一座弧形廊子半绕着它。廊子的组合奇形怪状，把一些互不相同的构件含混不清地拼在一起，像是一座舞台布景。从这些构件中人们可以模糊地看到意大利文艺复兴建筑的影子或其变形，例如拱门、带柱头的柱廊，甚至帕拉蒂奥组合等。但所有构件都不使用石头，而是不锈钢、镜面玻璃等现代材料，柱子上的凹槽是一组氖光灯管。色彩则以红、黄、蓝等原色为主，杂然纷陈，既古典又现代，既雅又俗，充分体现了后现代主义者鼓吹的"双重译码"、含混、零乱、俚俗等观念。

波特兰市政大楼是一座方方正正的 15 层办公楼，人们可以看见古典建筑的基座、屋身和屋顶的纵向三段组合，柱子、柱头，甚至拱心石。侧面处理与正面呼应，也典型地体现了文丘里提出的"通过非传统的方法组合传统部件"和"双重译码"等说法。这座建筑即使不按照后现代主义理论来理解，也是比较成功的作品。

对于后现代主义，我们应该有一个清醒的认识。一方面，它所提出的关注人的精神需求以及它对形式的探索，都对我们具有重要的正面的启发意义。文丘里提出的"通过非传统的方法组合传统部件""利用传统部件和适当引进新的部件组成独特的总体"，只要掌握好一个"度"字，也不失为一种与历史衔接的可资参考的方式。但后现代主义者对社会基本问题的明显忽视，偏重于形式手法，及其"宁要……不要……"的一系列似是而非的表述，又给比它更为浅薄的可统称之为"先锋派"的诸多形式主义流派起到了负面的推动作用。

另一方面，现代主义并没有如后现代主义者期待的那样死亡，而是仍然活着，并向着充实情感化的方向继续发展着，著名的例子如华盛顿建成的美国国家美术馆东馆（1978 年，贝聿铭）（图 10-21）、以"玻璃金字塔"著称的卢浮宫扩建工程（1989 年，贝聿铭）（图 10-22）。

现代主义的新发展还包括一些摩天楼。

1986 年在印度新德里建成的巴哈依教灵曦堂，由一位定居加拿大的伊朗裔建筑师法里布兹·萨哈巴设计的，也堪称为当代建筑艺术的杰作。它由九座水池围绕中央巨大白色莲花状的集中式体量组成，全部采用白色大理石贴面，直径 70 米，有三层共 45 片花瓣，高 34 米。九座水池好像九片莲花青叶，托举着一朵白莲，洗练明净，很有现代感。印度的许多宗教都尊崇莲花，所以这座建筑选用了莲花为主题，但并不着意在传统建筑符号的应用，而重在将传统

图 10-21 华盛顿美国国家美术馆东馆,远处为国会大厦(选自《英雄主义建筑》)

文化的象征与真正美丽的形象, 以莲花来体现 (图 10-23)。

所以, 人同此心, 情感的呼唤早已被许多人听到了, 并不只是倡导 "后现代主义"的那几个人才感觉得到的。甚至,在肯定"后现代主义"正面价值的同时, 还必须指出, 它的负面价值产生的恶劣影响更大, 这就是笔者统称为 "先锋派" 思潮的出现。

图 10-22 巴黎卢浮宫改建工程的玻璃 "金字塔"

图 10-23 新德里巴哈伊灵曦堂全景（选自《印度现代建筑》）

各式各样的"先锋派"

在突出个人的思潮膨胀的当代西方，如果顺着后现代主义的负面指向往前再走半步，那就离街头闹剧不远了。比如，"奇异建筑"（波普派）就是一种把建筑当作游戏的流派。这类建筑的唯一共同点就是各不相同。正像建筑理论家琼克斯所说，它的创作目的就是为了出名，"向他提出意见等于给他作宣传，因为一成典型就有了名声"。美国休斯顿贝斯特产品陈列室（1975 年）就是一座典型的"奇异建筑"，断墙残垣甚至废渣堆在这个建筑上也成了造型的要素。在 SITE 公司自己办的一个学校内庭里，从几层楼高的屋顶上倒下一堆废砖烂石，一直堆到楼顶，把它固化在院子里，建成了"雕塑"（图 10-24）。这样的建筑太多了，如拥有一面正在倾倒着的正墙的"信不信由你"商店（图 10-25），像是废渣堆的美术展览馆等，举不胜举。

1977 年，在到处都是古典建筑的历史文化名城巴黎市中心，出现了一座怪模怪样活像化工厂的奇特建筑：在朝向大街的立面上挂满了五颜六色不讲构图规则的管道，还有一些像是烟囱或排气管样的东西，也都翻肠倒肚地展示在外。其实这不是什么工厂，而是一座以蓬皮杜总统的名字命名的国家级文化艺术中心。朝向广场的另一个立面有几条水平走廊和一条斜平相间的自动电梯，用有机玻璃圆形罩子盖着，也是一些光闪闪的大管子。

这座建筑被称为"高技派"，评论家大都指责它忘记了人和精神、文化和艺术，是一架"偶然

图 10-25 拉斯维加斯"信不信由你店"（《波普建筑》）

图 10-24 美国休斯顿贝斯特产品陈列室（选自《世界建筑》）

图 10-26 巴黎蓬皮杜国家文化艺术中心（选自《世界建筑百图》）

地降落在巴黎的班机"，全然不顾环境，违背了建筑的使命。内部空间也过于灵活，互相干扰，使用并不方便（图 10-26）。

　　"解构主义"是上世纪 60 年代法国哲学家雅克·德里达推崇的，本是一种（也许严肃的）哲学学说，与建筑并无瓜葛。德里达并不懂得建筑，上世纪 80 年代，当自称为解构主义建筑大师的屈米和艾森曼与他初次接触时，他甚至听不懂他们在说些什么，但此后他却发表了《疯狂的观点——当代建筑》，为屈米垫底，"解构主义建筑"于是名正言顺地登上了舞台。

　　屈米对于上世纪 80 年代由他设计并建成的巴黎维莱特公园作过解释：三个互不相关的"体系"（即在 120 米方格网交点处放置的一些勉强可称之为"建筑小品"的东西构成的"点"、由横七竖八的道路组成的"线"和大片绿地水系展开的"面"）完全偶然地重叠到一起，将会产生各种各样事先谁也想不到的景象。这些偶然的、不连续的、不协

调的"巧合",必会达到一种不稳定、不连接和被分裂的效果,这便是"解构"!（图 10-27）

对于这种无法无天的"主义",甚至连第一个提出后现代主义口号的詹克斯也看不下去了,以至于把艾森曼之信奉解构主义与艾氏之接受精神病治疗这两件事联系起来,说"这两件事无疑相互影响"。

解构主义者力图以混乱来颠覆和打乱形式的正常秩序,这是对建筑的一种严重误读。范·登·伯格担心的（大众）"消费大众文化空洞的作品和实践,以填补内心的空虚；内心越空虚,就越会消费更多的大众文化空洞的作品和实践",真的就这么流行开来了,而且余波未息。

这种种"先锋派"只注目于个性的张扬,是一种最糟糕的"现代"。

建筑应该向何处去? 这又一次成了令人苦恼的问题。总的来说,据笔者浅见,现代主义将生生不息,永世长存,后现代是现代主义的补充,有它合理的一面。至于"先锋

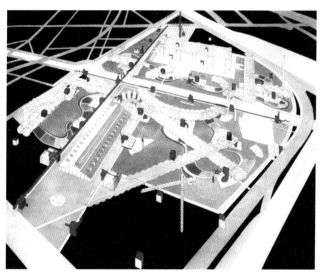

图 10-27 巴黎维莱特公园（选自《形式主义建筑》）

派"，在其他艺术领域，作为个人行为，只要不触犯公众利益，闹着玩玩儿倒也无妨，但对于公众性极强的建筑来说（哪怕是私产），却是要不得的。

实际上，现代主义仍然是当今世界建筑创作的主流，大量实际建造的建筑，并没有多少故意炫奇、特别出格之处。坚持现代主义的基本原则，并从多元文化的方向加以发展和创造，仍然是多数有责任心的建筑师的信念。

中国的脚步

中国传统建筑在取得过独特的伟大成就以后，终于也完成了自己的历史任务，从 20 世纪初开始，退出了历史舞台。

二战以前，可以说，西方曾经有过的各种主义在中国都曾出现过：新古典主义、折衷主义、现代主义（摩登建筑）等，首先在各大城市的租界出现。与其相抗，近代中国建筑又掀起了一股声势不小的"民族形式"建筑运动。

建于 1926 年的中山陵是中国青年建筑师吕彦直的优秀作品。陵在南京紫金山南麓，在入口设石牌坊，以缓坡经长长的神道抵达正门，再至大碑亭，过亭后坡度加大，以很宽的台阶和平台相间次第上升，直达祭堂。全程坡度由缓而陡，造成瞻仰者逐步加强的"高山仰止"的严肃气氛。宽阔的大台阶把尺度不太大的祭堂和其他建筑连成一个大尺度的整体，取得庄严的效果。陵墓总平面呈钟形，寓意"警钟"。

祭堂平面近方，四角各有一个角室。外观为重檐歇山顶，覆深蓝色琉璃瓦，角室高出下檐，构成四个坚实的墙墩，墙、柱都是白色石头，衬以蓝天绿树，十分雅洁庄重，沉静肃穆。（图 10-28、29）。

1949 年以后，中国建筑与世界隔绝，设计思想紧跟苏联，又由于中国穷困的国情，建筑大多比较俭约。从上世

图 10-28 南京中山陵

图 10-29 南京中山陵祭殿（萧默 绘）

纪 70 年代末开始的新时期，建筑创作才开始步上了一条比较健康的道路。

　　侵华日军南京大屠杀遇难同胞纪念馆（1985 ~ 1996 年），为纪念 30 万遇难同胞和血泪国耻，建在大屠杀 13 处尸骨场之一的南京江东门。

设计以环境氛围的经营为重点。从南入口进入，广场北端有以"金陵劫难"为主题的大型雕塑——头颅、挣扎的手、屠刀和残破的城墙，浓缩再现了血泪历史。西行至陈列馆北，是基地最高处，向南拾级而上，以中、英、日文镌刻的"遇难者300000"大字赫然在目，触目惊心。从陈列馆的屋顶平台俯瞰全场，大片卵石隔绝了一切生机，惨然呈现凄凉悲愤的景象。枯树、母亲雕像和浮雕墙上的同胞受难场景，进一步烘托了悲愤之情。卵石场周边的青青春草则点示了生与死的斗争。半地下的遗骨室内呈现出累累尸骨的地层断面。从西边进入陈列馆，甬道两边的倾斜石墙恍如墓道。

全馆以石料贴砌内外墙面，青石砌筑围墙，色调庄重统一。建筑低矮，采横向构图，尽量消隐，重点在于突出环境氛围（图10-30、31）。

图10-30 侵华日军南京大屠杀遇难同胞纪念馆入口（选自《当代中国建筑艺术精品集》）

图 10-31 侵华日军南京大屠杀遇难同胞纪念馆场地（选自《当代中国建筑艺术精品集》）

黄帝陵在陕西黄陵县桥山，其轩辕殿建于 2004 年，这是中华民族的共同祖先，被称为"人文初祖"的轩辕黄帝的祭殿。轩辕殿既富有中国传统的意境，又极具现代建筑注重简洁造型的雕塑之美，无论外观与殿内圣地氛围的塑造——表现在屋顶下的叠涩与从透空的圆顶中引入天光，以及从武梁祠引来的轩辕氏古朴的造像浮雕等，都可以看到既立足于中国精神，又广纳古今中外优秀成果的气度，重在意境的创造，开阔大度，气势不凡（图 10-32、33）。

孔子研究院（1999 年）在山东曲阜孔庙南门大成路西，院内东西、南北两条轴线贯穿。从东届西，两座牌坊之间是广袤的中心广场（辟雍广场），80 米见方，北面主楼俯视，东、西、南三面长廊围护。正中则为外方内圆的水池围绕的圆形平台。广场正北是高 30 米的主楼，楼 88.8 米见方，高四层，布局参考了传统的高台明堂式建筑。轴线西端另有会议中心，也是一组宏大的建筑。

广场和建筑各部分，又充满各种数字、色彩和质地的象征处理，如天圆地方、天苍地黄、金声玉振、七十二贤以及五行、五帝、五色、五方、五音、五味的相配等等。

图 10-32 黄帝陵全景（选自《圣殿记》）

图 10-33 黄帝陵轩辕殿（选自《建筑意》第六辑）

综观孔子研究院，堂堂大度，简洁朴拙，颇得汉代建筑韵味，也恰与现代建筑强调的总的造型原则相合，因而也具有浓厚的现代感（图 10-34）。

　　随着国门的更加开放和城市建设的日益复杂，20 世纪 90 年代中期以后，中国建筑创作出现了一些新的问题。一批不太了解中国文化和国情的外国建筑师涌入中国，并影响了一些追赶新潮的青年建筑师，设计了一批包括所谓"先锋派"在内的作品，忽视中国传统文化，追求新、奇、特、怪、洋，甚至包含恶俗的隐喻，浪费能源和资源，引起了巨大争论。

　　我们面临着两方面的任务：一方面，应该反对不承认建筑是一种艺术。现实的建筑创作，不仅应遵循"适用、经济、美观"的方针，对于那些处于高层级状态的建筑来说，还必须补充以体现时代性、民族性、地域性的艺术和文化等

图 10-34 曲阜孔子研究院（萧默 摄）

要求,作为创作的追求和品评的标尺。另一方面,也必须反对片面强调其艺术性,违反建筑本性,将"建筑"整体当作一种"纯艺术",以突出自我表现追求奇、特、怪为目的的所谓"先锋派"。中国建筑创作应回归建筑本体,在整个创作中,中国的国情包括节约资源、保护环境、保证可持续发展等要求,都是考虑问题的前提。